中等职业教育展示范学校建设系列成果

机电一体化设备组装与调试

JIDIAN YITIHUA SHEBEI
ZUZHUANG YU TIAOSHI

主　编　赵红坤

副主编　易善菊

参　编　魏建业　赵　磊

　　　　张启福　王　羽

主　审　申　跃

重庆大学出版社

内 容 提 要

全书以"项目驱动"为主线,以真实项目为载体,按照工作流程对知识内容进行重构和优化。全书精心设计了6个学习项目,主要包括供料单元、加工单元、检测单元、机器人单元、立体仓库单元和整机调试等的组装调试。每个项目的编写构架主要包括:项目描述、项目要求(知识、技能、情感)、工作过程(收集信息、决策计划、组织实施、检查评估)、思考与练习四个部分。本书可作为中等职业学校机电类专业教材。

图书在版编目(CIP)数据

机电一体化设备组装与调试/赵红坤主编. —重庆:
重庆大学出版社,2015.3(2025.8 重印)
(国家中等职业教育改革发展示范学校建设系列成果)
ISBN 978-7-5624- 8859-0

Ⅰ.①机… Ⅱ.①赵… Ⅲ.①机电一体化—设备—组装—中等专业学校—教材②机电一体化—设备—调试方法—中等专业学校—教材 Ⅳ.①TH-39

中国版本图书馆 CIP 数据核字(2015)第 031587 号

国家中等职业教育改革发展示范学校建设系列成果
机电一体化设备组装与调试
主 编 赵红坤
副主编 易善菊
责任编辑:章 可 版式设计:章 可
责任校对:关德强 责任印制:赵 晟

*

重庆大学出版社出版发行
社址:重庆市沙坪坝区大学城西路 21 号
邮编:401331
电话:(023)88617190 88617185(中小学)
传真:(023)88617186 88617166
网址:http://www.cqup.com.cn
邮箱:fxk@cqup.com.cn(营销中心)
全国新华书店经销
重庆新生代彩印技术有限公司印刷

*

开本:787mm×1092mm 1/16 印张:9.75 字数:243 千
2015 年 3 月第 1 版 2025 年 8 月第 3 次印刷
ISBN 978-7-5624- 8859-0 定价:20.00 元

中等职业教育示范校建设成果系列
教材编写指导委员会

序

《国家中长期教育改革和发展规划纲要(2010—2020 年)》、《中等职业教育改革创新行动计划(2010—2012 年)》和《教育部 人力资源和社会保障部 财政部关于实施国家中等职业教育改革发展示范学校建设计划的意见》(教职成〔2010〕9 号)的颁布与实施,为中等职业教育改革发展指明了方向。其中在推进课程改革与创新教育内容方面明确提出,中等职业学校要以提高学生综合职业能力和服务终身发展为目标,贴近岗位实际工作过程,对接职业标准,更新课程内容、调整课程结构、创新教学方式……以人才培养对接用人需求、专业对接产业、课程对接岗位、教材对接技能为切入点,深化教学内容改革……

为此,重庆市工业高级技工学校乘国家中等职业教育改革发展示范学校建设的东风,在推进课程改革与创新教育内容方面进行了大胆的改革和尝试,建立了由行业、企业、学校和有关社会组织等多方参与的教材建设机制,针对岗位技能要求变化,以职业标准为依据,在现有教材基础上更新教材结构和内容,编撰了补充性和延伸性的教辅资料;依托行业、企业等开发了服务地方新兴产业、新职业和新岗位的校本教材。

重庆市工业高级技工学校在国家中等职业教育改革发展示范建设学校中的建设项目共有 3 个重点建设专业——电子技术应用、机电技术应用和数控技术应用,1 个特色项目——永川呼叫和金融数据处理公共服务平台。示范校开建以来,在国家和市级专家的指导下,4 个项目组分别对本专业行业和重庆具有代表性的企业(每个专业至少 10 家)进行了调研,了解产业现状和发展趋势,掌握重庆相关企业的岗位设置及企业对技能人才的能力要求,明确毕业生所需专业能力、方法能力和社会能力;结合本专业相关的行业、国家标准(规程规范)分别进行了专业工作领域、典型工作任务的分析(形成岗位调研及工作任务分析报告),归纳出典型工作任务对应的课程,构建课程体系,并制订出适合现代职业教育特点的课程标准。

根据新的课程标准,学校教师与企业行业专家一道,编撰完成了一批校本教材,将学校在开展教学模式改革、创新人才培养模式、创新教育内容方面总结出的一些成功的经验,物化成了示范校改革创新的成果。藉国家中职示范学校建设计划检查验收提炼成果之际,在重庆大学出版社的大力支持下,学校把改革创新等示范学校建设成果通过整理,汇编成系列教材出版,充分反映出了学校两年创建工作的成效,也凝聚了学校参与创建工作人员的辛勤汗水。

就重庆市工业高级技工学校的发展历程而言,两年的创建过程就似白驹过隙,转瞬即逝;就国家中职发展而言,重庆市工业高级技工学校的改革创新实践工作也似沧海一粟,微不足道。但老师们所编写的中职学校改革发展的系列教材,对示范中职学校如何根据国家和区域经济社会发展实际进行深化改革、大胆创新、办出特色方面,提供了有益的参考。

系列教材的出版,一方面是向教育部、人力资源和社会保障部、财政部的领导汇报重庆市工业高级技工学两年来示范中职学校的创建工作,展示建设的成果;另一方面也将成为研究国家中等职业教育改革发展示范学校建设的一级台阶,供大家学习借鉴。

相信通过示范中职学校的建设,将极大地提高学校的办学水平,提高职业教育技术技能型人才培养的质量,充分发挥职业教育在服务国家经济社会建设中的重要作用。

校长　李庆

2015 年 1 月

前　言

　　编者遵循"以就业为导向、以能力为本位"的教育理念,基于职业教育的特点,根据职业能力培养的要求引入项目教学的思想,结合机电技术企业生产实际中应用的新知识、新技术、新工艺、新方法,聘请企业专业技术人员和能工巧匠参与,打破专业界限,结合培训特点,编写了这本以行动导向引领的模块式一体化教材。

　　全书以"项目驱动"为主线,以真实项目为载体,按照工作流程对知识内容进行重构和优化。教学活动以完成一个或多个具体任务为线索,把教学内容巧妙地设计其中,知识点随着工作任务的需要引入,突出"做中学、学中做",使学生在完成任务的同时掌握知识和技能,有效地达到对所学知识的构建。

　　本书立足于机电技术应用专业课程体系,按照专业岗位能力的培养目标,针对典型工作岗位——自动生产线安装调试人员的岗位需求,以广东三向 SX-815Q 设备为学习载体,精心设计了 6 个学习项目,主要包括供料单元、加工单元、检测单元、机器人单元、立体仓库单元和整机调试等的组装调试,将机电技术的组装调试和三菱 FX2N PLC、三菱工业机器人技术、MCGS 触摸屏、N∶N 通信等技术的使用融入每个项目之中。

　　本教材每个项目的编写构架主要包括:项目描述、项目要求(知识目标、技能目标、情感目标)、工作过程(收集信息、决策计划、组织实施、检查评估)、自我测试 4 个部分。教材内容逻辑性强,符合学生的认知规律,教学可实施性强;对工作过程知识的阐述细致,图文并茂,通俗易懂。

　　本教材的编写得到了广东三向教学仪器制造有限公司的大力支持,在此表示衷心的感谢!

　　本书由赵红坤主编和统稿,易善菊任副主编,重庆理工大学副教授申跃担任主审。其中项目一由易善菊编写,项目二由赵红坤编写,项目三由魏建业编写,项目四由赵磊编写,项目五由张启福编写,项目六由王羽编写。本书在编写中得到了广东三向教学仪器制造有限公司开发部部长叶光显工程师的大力支持,在此表示感谢。

1

由于时间仓促和编者水平有限,书中难免存在不足之处,恳请读者指正,如有任何建议或意见,请发邮件至 QQ 邮箱 632750336@ qq. com。

编　者

2014 年 11 月

目　录

项目一　颗粒上料单元组装调试

【项目描述】

颗粒上料单元是 SX-815Q 机电一体化综合实训设备的第一工作站,在系统中起着向其他单元提供原料的作用。

本项目就是让学生根据控制任务的要求及在考虑安全、效率、工作可靠性的基础上,对颗粒上料单元制订合理的组装调试计划、程序编写计划,正确选择合适的工具和仪器,与小组成员协作分工进行如下操作:机械装调、电路与气路连接、传感器装调、电气和机械系统的检修排故、程序设计并下载 PLC 控制程序,完成颗粒上料单元的功能测试,并对调试后的系统功能进行综合评价等。

安装好的颗粒上料单元如图 1-1 所示。

图 1-1　颗粒上料单元

【项目要求】

知识目标:
- 了解机械、电气安装工艺规范和相应的国家标准;
- 掌握颗粒上料单元的结构和工作原理;
- 熟悉颗粒上料单元 I/O 端子和接线方法;
- 掌握颗粒上料单元传感器的工作原理和安装调试方法;
- 掌握气动回路、电气回路和整机调试方法;
- 学会组装和测量工具的使用方法。

技能目标:
- 能够正确识读机械和电气工程图纸;
- 能够进行颗粒上料单元组件装调;
- 能正确连接气动回路和电气回路;
- 能够制订组装调试的技术方案、工作计划和检查表;
- 能够根据任务要求编写控制程序;
- 能进行颗粒上料单元运行调试与故障诊断维护;
- 能够通过多种渠道获取相应信息。

情感目标:
- 能养成良好的敬业精神和不断学习的进取精神;
- 能处理基本的人际关系参与团队合作,共同完成项目;

1

- 能意识到规范操作和安全操作的重要性;
- 能养成一丝不苟严谨细致的工作态度,严格遵守自己的岗位职责。

【工作过程】

表 1-1　工作内容

工作过程		工作内容
收集信息	资讯	获取以下信息和知识: 颗粒上料单元的功能及结构组成、主要技术参数; 光电传感器、磁感应传感器的结构和工作原理; 上料皮带、选料机构、电磁吸盘搬料机构的结构和工作原理; 颗粒上料单元工作流程; 安全操作规程
决策计划	决策	确定光电传感器、磁感应传感器的类型和数量; 确定光电传感器、磁感应传感器的安装方法; 确定颗粒上料单元组装与调试的专用工具; 确定颗粒上料单元安装调试工序
	计划	根据技术图纸编制组装调试计划; 填写颗粒上料单元组装调试所需组件、材料和工具清单
组织实施	实施	组装前对推料汽缸、传感器、直流电机、交流电动机、变频器、PLC 等组件的外观、型号规格、数量、标志、技术文件资料进行检验; 根据图纸和设计要求,正确选定组装位置,进行控制挂板上各元件安装和电气回路的连接; 根据图纸,正确选定组装位置,进行上料皮带、选料机构、电磁吸盘搬料机构时、I/O 的接线端口、气源处理组件、走线槽等安装; 根据线标和设计图纸要求,完成颗粒上料元气动回路和电气控制回路连接; 进行上料皮带、选料机构、电磁吸盘搬料机构的调试以及整个单元调试和试运行
检查评估	检查	电气元件安装位置及接线是否正确,接线端接头处理是否符合工艺标准; 机械部件是否完好,组装位置是否恰当、正确; 传感器安装位置及接线是否正确; 单元功能检测
	评估	颗粒上料单元组装调试各工序的实施情况; 颗粒上料单元组装调试运行情况; 团队精神,协作配合默契度;分工情况; 工作反思

一、收集信息

(一) SX-815Q 机电一体化综合实训设备概述

机电一体化技术是将机械技术、电工电子技术、信息机电一体化技术、传感器技术等多种技术进行有机地结合,并应用到实际中去的综合技术。

SX-815Q 机电一体化综合实训设备,共分为颗粒上料、加盖拧盖、检测分拣、6 轴机器人和成品入仓 5 个基本工作单元和几个扩展单元,工作单元由工业机器人、PLC、特殊功能模块、变频器、伺服驱动、步进驱动、气动元件、触摸屏等工业控制器件构成。

(二) 颗粒上料单元介绍

1. 颗粒上料单元的功能

颗粒上料单元是机电一体化综合实训设备(MPS)中的起始单元,在整个系统中,起着向系统中的其他单元提供原料的作用,相当于实际生产加工系统(生产线)中的自动上料系统。它的具体功能是:空瓶被人工摆放在上料皮带(短皮带)上,启动运行后,瓶子被逐个运送到填装输送皮带上(长皮带);颗粒分拣机构开始工作,推料汽缸将 2 个小料筒内的颗粒推送到分拣皮带上,分拣机构筛选出白色小料块,然后输送到出料位;当瓶子输送到填装位后,填装机构吸取出料位的颗粒,然后填装到瓶子里;瓶子里装到 3 个颗粒后,瓶子被输送到下一个单元。

2. 颗粒上料单元的结构组成

颗粒上料单元的结构组成如图 1-2 所示。其主要由上料皮带、主皮带、光纤传感器、控制挂板、磁感应式接近开关、推料汽缸、定位汽缸、吸取机构、选择料皮带、物料筒、ABB 中间继电器、按钮(操作面板)板等组成。归结为 3 个模块,即:上料传送模块、选料模块和物料填装机构。

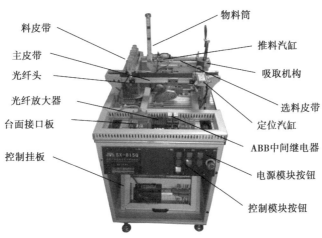

图 1-2　颗粒上料单元结构图

（1）上料传送模块

上料传送模块主要任务是将瓶子送到颗粒填装位,然后又将填装颗粒后的瓶子送到下一单元。其组成部分有上料皮带、传送皮带、光纤传感器、定位汽缸及定位后限的磁性传感器。

上料皮带和传送皮带由直流电动机拖动,直流电动机的工作流程又由 PLC 程序控制其启动与停止。

在主皮带始端(上料皮带末端)和末端(颗粒填装位)各安装一光电传感器(光纤传感器),用于瓶子的到位检测。

光电式传感器是用光电转换器件作敏感元件、将光信号转换为电信号的装置。光电式传感器的种类很多,按照其输出信号的形式,可以分为模拟式、数字式、开关量输出式。以开关量形式输出的光电传感器,即为光电式接近开关。光电式接近开关主要由光发射器和光接收器组成。

光发射器用于发射红外光或可见光。光接收器用于接收发射器发射的光,并将光信号转换成电信号以开关量形式输出。

按照接收器接收光的方式不同,光电式接近开关可以分为对射式、反射式和漫射式 3 种。光发射器和光接收器也有一体式和分体式 2 种。

对射式光电接近开关是指光发射器(光发射器探头或光源探头)与光接收器(光接收器探头)处于相对的位置工作的光电接近开关。其工作原理是:当物体通过传感器的光路时,光路被遮断,光接收器接收不到发射器发出的光,则接近开关的"触点"不动作;当光路上无物体遮断光线时,则光接收器可以接收到发射器传送的光,因而接近开关的"触点"动作,输出信号将被改变,如图 1-3 所示。

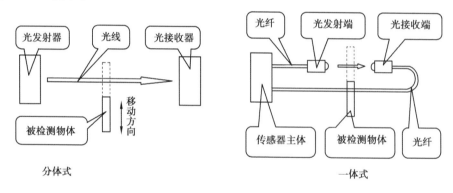

图 1-3 对射式光电接近开关的工作原理

反射式光电接近开关的光发射器与光接收器处于同一侧位置,且光发射器与光接收器为一体化的结构,在其相对的位置上安置一个反光镜,光发射器发出的光经反光镜反射回来后由光接收器接收,如图 1-4 所示。

注意事项:在检测工件平台上是否有工件时需要加入抗干扰条件,有时在不经意间,我们的肢体或其他物体的移动可能造成反射式光电接近开关检测到有信号。当我们需要屏蔽这些干扰信号时,通常最简单的做法是在程序中加上一个计时器,当反射式光电接近开关检测到有工件后,再延时一段时间用以确认是否为真正的工件。

漫反射式光电接近开关是利用光照射到被测物体上后反射回来的光线而工作的,由于物体反射的光线为漫射光,故该种传感器称为漫反射式光电接近开关。它的光发射器与光接收器处于同一侧位置,且为一体化的结构。在工作时,光发射器始终发射检测光,当接近开关的前方一定距离内没有物体时,则没有光被反射回来,接近开关就处于常态而不动作;如果在接近开关的前方一定距离内出现物体,只要反射回来的光的强度足够,则接收器接收到足够的漫

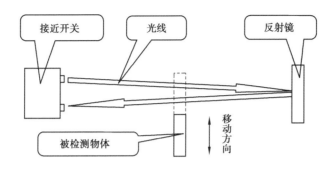

图1-4 反射式光电接近开关的工作原理

射光后,就会使其接近开关动作而改变输出的状态,如图1-5所示。

人眼为什么会在日光下看到不同颜色的物体? 这是因为物体对不同频率的光吸收作用不同,如果物体将所有频率的光(白光)全部反射回来,人看到的物体就是白色;如果物体将所有频率的光全部吸收,人看到的物体就是黑色的。如果物体吸收一部分频率的光,而将其余部分的光反射出来,人看到的就是反射光的颜色。

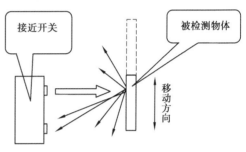

图1-5 漫反射式光电接近开关工作原理

原则上黑色物体是不能被漫反射式光电开关检测到的,但由于物体表面粗糙度不同,一些表面光滑的黑色物体仍能反射一部分光,因此,灵敏度高的漫反射光电接近开关仍能检测到这样的黑色物体。而上料检测单元上检测工件颜色就是利用这个原理来分辨出工件的黑与白。

光电式接近开关的图形符号如图1-6所示。

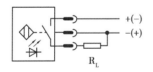 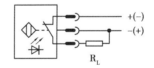

图1-6 光电式接近开关的图形符号

该模块上的光电传感器的光纤头型号为E32-ZD200型。此型号的光纤属于漫反射型,它的最大检测距离为150 mm,如图1-7所示。安装时可以用固定螺母固定在传感器安装座上,也可以直接安装在零件上并用螺母锁紧。光纤在使用时严禁大幅度弯折到底部,严禁向光纤施加拉伸、压缩等蛮力。光纤在切割时应用专用的光纤切割器(E39-F4)切割,如图1-8所示。

光纤放大器型号为E3X-ZD11型:通过调整传感器极性和门槛值达成目的,该传感器结构如图1-9所示,门槛值的大小可以根据环境的变化、具体的要求来设定。但光纤头安装时应注意,光纤线严禁大幅度曲折。

光电传感器的使用注意事项:

①对射式光电传感器并置使用时,相互间隔维持在检测距离的0.4倍以上。

②反射式光电传感器并置使用时,相互间隔维持在检测距离的1.4倍以上。

③反射式光电传感器检测距离受检测物质的材质、大小、表面反射率的影响。

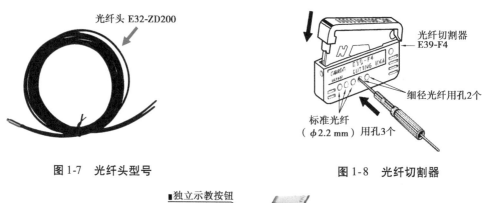

图1-7 光纤头型号

图1-8 光纤切割器

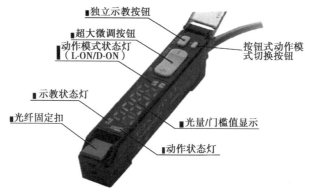

图1-9 光纤放大器结构示意图

如图1-10所示为光电开关电路原理和接线图,光电开关具有电源极性及输出反接保护功能。将光电开关褐色线(或棕色)接PLC输入模块电源"+"端,蓝色线接PLC输入模块电源"−"端,黑色线接PLC的输入端。

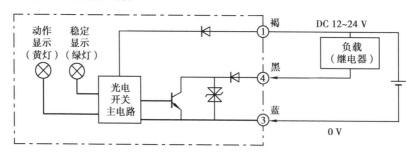

图1-10 光电开关电路原理和接线图

光电开关具有自我诊断功能,当对设置后的环境变化的余度满足要求时,稳定显示灯亮;当光电光敏元件接收到有效信号,控制输出的三极管导通,同时动作显示灯亮。光电开关能检测自身的光轴偏离、传感器面的污染、地面和背景对其影响、外部干扰的状态等传感器的异常和故障,有利于进行养护,以便设备稳定工作。

灵敏度调整光电开关具有检测距离长、对检测物体的限制小、响应速度快、分辨率高、便于调整等优点。但光电传感器在安装过程中必须保证到被检测物体的距离在"检测距离"范围内,同时考虑被检测物体的形状、大小、表面粗糙度以及移动速度等因素。

灵敏度调整主要为光电开关调整位置不到位,对工件反应不灵敏,动作灯不亮。调整光电开关的位置,合适后将固定螺母锁紧。光电开关调整合适后,对工件的反应敏感,动作灯亮且稳定灯亮。

在主皮带颗粒填装位安装一个定位汽缸,定位汽缸上装的汽缸后限位磁性开关,用于检测汽缸位置。

磁性传感器的型号为 CS1-G,如图 1-11 所示。

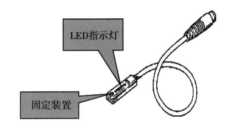

图 1-11　磁性开关

磁性开关 CS1-G 是在密闭的金属或塑料管内设置一点或多点的磁簧开关,然后将管子贯穿一个或多个,中空而内部装有环形磁铁的浮球,并利用固定环,控制浮球与磁簧开关在相关位置上,使浮球在一定范围内上下浮动。利用浮球内的磁铁去吸引磁簧开关的接点,产生开与关的动作。

磁性开关顾名思义,就是通过磁铁来感应的开关。磁性开关是用来检测汽缸活塞位置的、即检测活塞运动行程的,它可以分为接点型和无接点型 2 种。无接点型又分 NPN 型和 PNP 型。

接点型磁感应式接近开关是一种舌簧管式接近开关(简称干簧管开关),是一种有触点的开关元件,具有结构简单、体积小、便于控制等优点。

干簧管开关结构如图 1-12 所示。该干簧管由一对磁性材料制造的弹性磁簧组成,磁簧密封于充有惰性气体的玻璃管中,磁簧端面互叠,但留有一条细间隙。磁簧端面触点镀有一层贵重金属,例如铑或者钌,使开关具有稳定的特性和延长使用寿命。

恒磁铁或线圈产生的磁场施加于干簧管开关上,使干簧管两个磁簧磁化,使一个磁簧在触点位置上生成一个 N 极,另一个磁簧的触点位置上生成一个 S 极,如图 1-13 所示。若生成的磁场吸引力克服了磁簧的弹性产生的阻力,磁簧被吸引力作用接触导通,即电路闭合。一旦磁场力消除,磁簧因弹力作用又重新分开,即电路断开。

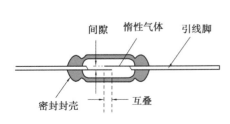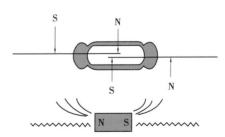

图 1-12　磁性开关结构图　　　　　　　图 1-13　磁性开关磁化原理图

如图 1-14 所示磁性开关原理图,若在汽缸的活塞上安装磁性物质,在汽缸缸筒外面的两端位置各安装一个磁感应式接近开关,就可以利用这两个传感器分别标识汽缸运动的两个极限位置。汽缸的活塞运动到哪一端时,哪一端的磁感应式接近开关就发出电信号。在 PLC 的自动控制中,可以利用该信号判断推料缸的运动状态或所处的位置,目的是间接判断工件是否从料仓中分离出来,及是否送到预定的位置。在传感器上设置有 LED 用于显示传感器的信号状态,供调试时使用。传感器动作时,输出信号 1,LED 灯亮;传感器不动作时,输出信号 0,LED 灯不亮。传感器的安装位置可以调整。

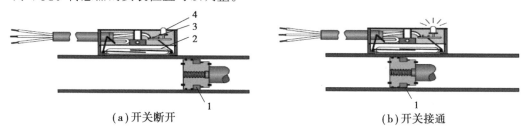

（a）开关断开   （b）开关接通

图 1-14　干簧管接近开关原理
1—永久磁环;2—舌簧片;3—保护电路;4—指示灯

磁性开关的调节:打开气源,待汽缸在初始位置时,移动磁性开关的位置,调整汽缸的缩回限位,待磁性开关点亮即可,如图 1-15 所示;再利用小一字螺丝刀对气动电磁阀的测试旋钮进行操作,按下测试旋钮,顺时针旋转 90°即锁住阀门,如图 1-16 所示,此时汽缸处于伸出位置,调整汽缸的伸出限位即可。

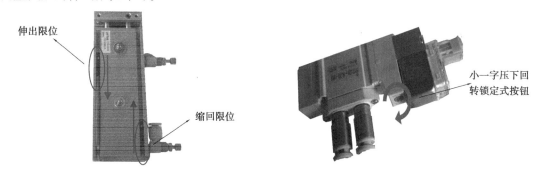

图 1-15　移动磁性开关   图 1-16　顺时针旋转 90°

在主皮带颗粒填装位处安装一定位汽缸,用于固定瓶子。也就是说,当传送带将瓶子送到颗粒填装位,光纤传感器检测到物料时,定位汽缸延时伸出,将瓶子固定,等待颗粒吸取机构进行颗粒填装,当颗粒数达到填装要求,定位汽缸缩回。定位汽缸的伸出、缩回由 PLC 程序控制单向电磁阀的气流方向决定,伸出缩回速度由汽缸上的节流阀控制。

下面就简单介绍电磁阀、节流阀和汽缸的结构和原理。

电磁阀是电磁控制换向阀的简称,是气动控制元件中最主要的元件,其品种繁多,种类各异,按操作方式分为直动式和先导式 2 类。

直动式电磁阀是利用电磁力直接驱动阀芯换向,如图 1-17 所示为直动式单电控二位三通换向阀。当电磁阀得电,电磁阀的 1 口与 2 口接通;电磁线圈失电,电磁阀在弹簧作用下复位,则 1 口关闭。

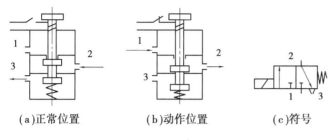

(a)正常位置　　　　(b)动作位置　　　　(c)符号

图1-17　单电控电磁换向阀工作原理

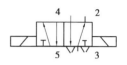

图1-18　双电控电磁铁
换向阀符号

图1-18所示为双电控电磁铁换向阀的符号。电磁线圈得电,双电控二位五通阀的1口与4口接通,且具有记忆功能,只有当另一个电磁线圈得电,双电控二位五通阀才复位,即1口与2口接通。

直动式电磁铁只适用于小型阀,如果控制大流量空气,则阀的体积和电磁铁都必须加大,这势必带来不经济的问题,克服这些缺点可采用先导式结构。先导式电磁阀是由小型直动式和大型气控换向阀组合而成的,它利用直动式电磁铁输出先导气压,此先导气压使主阀芯换向,该阀的电控部分又称为电磁先导阀。这里不介绍。

电磁阀组就是将多个阀集中在一起构成的一组阀,而每个阀的功能是彼此独立的,阀组中,手控开关是向下凹进去的,须使用专用工具才可以进行操作。

①双作用汽缸。单活塞双作用汽缸是气动系统中最常使用的汽缸。如图1-19所示,它由缸筒、活塞、活塞杆、前端盖、后端盖及密封件等组成。双作用汽缸内部被活塞分成两个腔,有活塞杆腔称为有杆腔,无活塞杆腔称为无杆腔。当压缩空气从无杆腔(左)进气从有杆腔排气时,在汽缸的两腔形成压力差,推动活塞运动,使活塞杆伸出;当从有杆腔(右)进气无杆腔排气时,压力差使活塞杆缩回。若使有杆腔和无杆腔交替进气和排气,活塞便可实现往复直线运动。

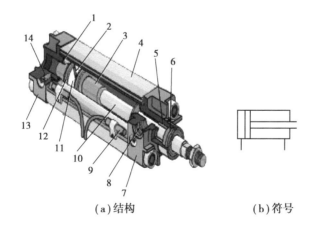

(a)结构　　　　　　　　　(b)符号

图1-19　单活塞双作用汽缸的结构示意图

1、3—缓冲柱塞;2—活塞;4—缸筒;5—导向套;6—防尘圈;7—前端盖;8—气口;
9—传感器;10—活塞杆;11—耐磨环;12—密封圈;13—后端盖;14—缓冲节流阀

如图1-20所示为双作用汽缸的动作过程,控制双作用汽缸的前进、后退可以采用二位四通阀,也可采用二位五通阀。

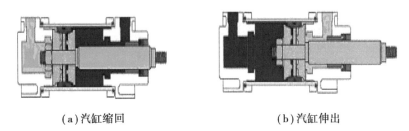

(a)汽缸缩回   (b)汽缸伸出

图1-20 双作用汽缸动作过程

图1-21(a)所示为采用二位五通阀直接控制,按下按钮,压缩空气从1口流向4口进气,同时2口流向3口排气,活塞伸出;松开按钮,阀内弹簧复位,压缩空气由1口流向2口,同时4口流向3口排放,汽缸活塞缩回。图(b)所示为双作用汽缸间接控制回路,信号元件1S1或1S2只要发出信号,便可使阀1V1切换,控制汽缸伸出或缩回。

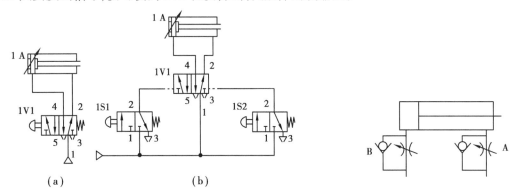

(a)   (b)

图1-21 二位五通阀原理图   图1-22 双作用汽缸节流阀示意图

②单向节流阀。单向阀和节流阀并联而成的组合控制阀,图1-22所示为双作用汽缸安装限出型节流阀的连接和调节示意图。当调节节流阀A时,用以调整汽缸的伸出速度;调节节流阀B时,用以调节汽缸的缩回速度。

(2)选料模块

图1-23所示为选料模块结构示意图,选料模块主要任务是按照控制要求选择颗粒。主要结构有选料皮带、A料筒、B料筒、推料汽缸A、推料汽缸B、传感器(颜色确认色)等。

选料皮带由三相交流异步电动机拖动其正反转,而三相交流异步电动机的旋转方向和转速又由PLC程序控制变频器输出控制。

想一想?

◇ 三相交流异步电动机的调速方式有哪些?三相异步电动机的转速与频率的关系?

1)变频器FR-D700的使用

图1-24所示为FR-700的变频器,图1-25所示为变频器电源接线图,图1-26所示为信号接线图,图1-27所示为变频器操作面板示意图。

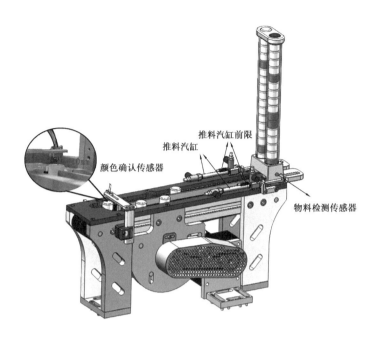

图 1-23　选料模块结构示意图

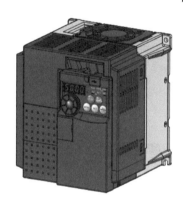

图 1-24　FR-700 变频器

图 1-25　变频器电源接线图

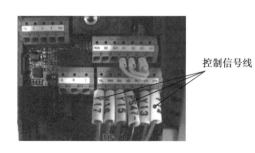

图 1-26　变频器信号接线

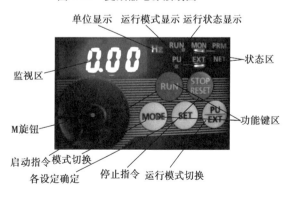

图 1-27　变频器操作面板

变频器各功能键的作用为：

运行模式显示：PU 运行时，PU 亮灯；外部模式运行时，EXT 亮灯，网络运行模式时，NET 亮灯。

监视区：显示频率、参数号等。

单位显示：显示频率时，Hz 亮灯；显示电流时，A 亮灯。

M 旋钮：用于变更频率设定、参数设定值等。

模式切换：用于切换各设定模式。

运行模式切换：用于 PU/EXT 模式切换。

运行状态显示：用于变频器动作中亮灯/闪烁。

变频器基本操作步骤如图 1-28 所示，出厂时设定值。变更频率参数时步骤为：

①电源接通时显示的监视器画面；

②按 PU/EXT 键，进入 PU 运行模式；

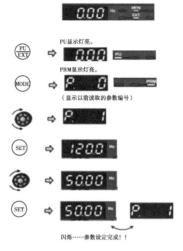

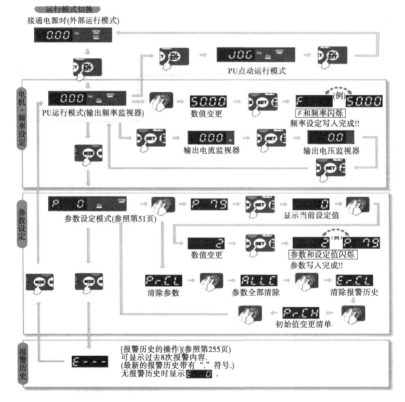

图 1-28　变频器基本操作步骤（出厂时设定值）

③按 MODE 键，进入参数模式；

④旋转旋钮，将参数编号设定为 P.1；

⑤按 SET 键，读取当前的设定值，显示"1200"；

⑥旋转 ⚙ 旋钮,将值设定为"50.00";

⑦按 (SET) 键设定。

按同样步骤可设置其他频率,如电动机高速、中速和低速的参数编号分别为 Pr.4、Pr.5、Pr.6,可分别设置它们的频率值来得到电动机的不同转速。

2)变频器的应用原理

控制输入信号如图 1-29 所示,控制输出信号如图 1-30 所示。

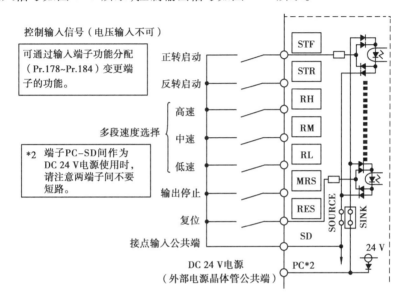

图 1-29 变频器输入信号控制

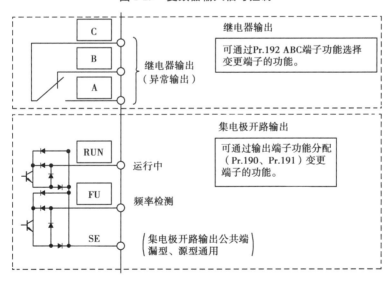

图 1-30 变频器输出信号

3）选料机构的调试

①料筒物料传感器调试：传感器安装时要注意光纤头顶端与料筒内壁平齐，不能超出内壁。料筒没物料时，检测传感器没有输出；向料筒加入一个物料时，检测传感器要有输出。阀值可以通过放大器调节。

②物料颜色确认传感器调试：选两个（蓝白各一个）颗粒物料分别置于颜色确认传感器的正下方，白色物料时，X2 和 X3 都有输出；蓝色物料时，只有 X3 有输出。这两个传感器可以用组合的方式鉴别出蓝白色物料，在演示程序里是选取白色物料为例。X2 和 X3 的光纤放大器预设值两者之间的差值不低于 500。

③物料颜色确认传感器位置调试：物料颜色确认传感器与正下方的物料之间的距离为5 ~ 10 mm，传感器的安装位置要在颗粒物料每次运行轨迹的正上方，保证物料经过传感器时是检测物料的中心；调整传感器的安装片的位置，保证物料在反转之前停止时，物料至少有4/5的部分在反转皮带上面。

在初始启动时，首先用颗粒物料将料筒填满料，不被选取物料数量为被选取物料数量的1/6。在两条循环带上可以放置 1 ~ 8 个物料，不宜过多，避免物料在筛选时拥挤，如图 1-23 所示。

（3）物料填装机构

该模块的主要任务是将选料机构按控制要求选出来的颗粒吸取搬运到物料填装位装入瓶子里。

物料填装机构的调试

①传感器调试：填装机构的上下、左右限位参考磁性开关的调节进行调试。吸盘填装时传感器检测位置为吸盘填装进入料瓶的1/5处，传感器能感应到的位置。

②物料填装机构位置调试：填装机构位置包括取料位和填装位，如图 1-31 和图 1-32 所示。取料位应与循环输送带反转后物料停止位置一致，吸盘下行取料时应正对物料中心，如有偏差可以调整整个填装机构的位置（偏差较大时）也可以调节旋转汽缸的调整螺丝（偏差较小时）。填装位为定位汽缸顶住物料瓶，吸盘吸住的物料块正好在瓶口中心的正上方位置，如有偏差可以调整整个填装机构的位置（偏差较大时），也可以调节旋转汽缸的调整螺丝（偏差较小时），如图 1-33 所示。

| 图 1-31　取料位 | 图 1-32　填装位 | 图 1-33　调整螺丝位置 |

（4）操作面板（按钮板）

如图1-34所示为设备操作面板，包括电源操作和控制操作面板，电源操作面板上标有"开""关"按钮，另有一急停开关，如图1-35所示。控制面板上标有"启动""停止""复位""单机""联机"5个按键及指示灯，如图1-36所示。

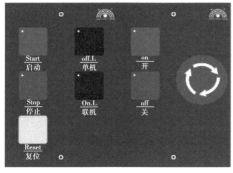

图1-34 操作面板

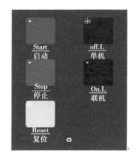

（a）单机状态

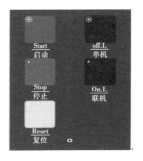

（b）单机启动状态

图1-35 电源按钮板

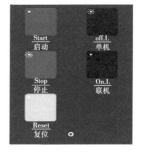

（c）单机停止状态

（d）联机状态

（e）设备断电状态

图1-36 控制面板

（5）设备单元内部接线

设备单元内部接线如图1-37所示。

（6）各单元间的连接

各单元间的连接如图1-38所示。

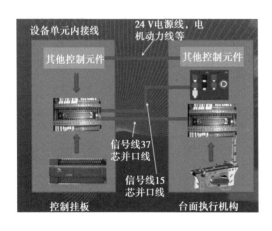

图 1-37 设备单元内部接线

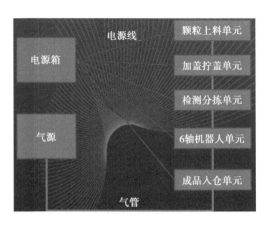

图 1-38 各单元间的连接

二、决策计划

表 1-2 决策计划

安装调试过程中必须遵守哪些规定/规则	国家相应规范和政策法规、企业内部规定
需要准备的工具、仪器和材料	参见本教材相应内容
传送带、各种传感器、气管、汽缸、电磁阀等类型、数量和安装方法	参见本教材相应内容
采用的组织形式,人员分工	本组成员讨论决定
安装调试内容,进度和时间安排	本组成员讨论决定
上料传送模块(传送皮带)安装与调试工作流程;选料机构安装与调试工作流程;物料填装机构安装与调试的工作流程	参见本教材相应内容
在安装和调试过程中,影响环保的因素有哪些?如何解决	分析查找相关网站

确定工作组织方式,划分工作阶段,分配工作任务,讨论安装调试工艺流程和工作计划,填写材料工具清单表1-3。

表 1-3 材料工具清单

工具					
仪表					
器材					
元件	名称	代号	型号	规格	数量

安装调试各模块的工艺流程如下:

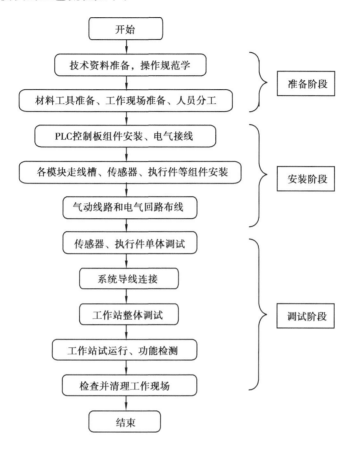

三、组织实施

表1-4　安装中的问题

安装调试过程中必须遵守哪些规定/规则	国家相应规范和政策法规、企业内部规定
安装调试前,应做哪些准备	在安装调试前,应准备好安装调试用的工具、材料和设备,并做好工作现场和技术资料的准备工作
在安装磁感应式传感器、光电式传感器、电磁吸盘、电磁阀时都应注意些什么	参见本教材相应内容
在安装颗粒上料单元时,选择哪些规格的气管?这些气管是否符合规程	参见本教材相应内容
在安装和调试时,应该特别注意哪些事项	参见本教材相应内容
如何进行单个组件(或模块)的调试和颗粒上料单元的整体调试,调试前的准备条件	参见本教材相应内容
在安装和调试过程中,采用何种措施减少材料的损耗	分析工作过程,查找相关网站

（一）安装调试准备

在安装调试前,应准备好安装调试用的工具、材料和设备,并做好工作现场和技术资料的准备工作。

1. 工具

安装所需工具:电工钳、尖嘴钳、斜口钳、水口钳、气管钳、剥线钳、压接钳、一字螺丝刀、十字螺丝刀(3.5 mm)、电工刀、管子扳手(9 mm×10 mm)、套筒扳手(6 mm×7 mm, 12 mm×13 mm, 22 mm×24 mm)、内六角扳手(5 mm)各1把,数字万用表1块。

2. 材料

导线 BV—0.75、BV—1.5、BVR 型多股铜芯软线各若干米,尼龙扎带,线鼻子(单线、多线)、带帽垫螺栓、异形管(编码套管)各若干。

3. 设备

SX-815Q 机电一体化综合设备的颗粒上料单元:PLC、操作面板(控制面板和电源面板,已安装好)、控制挂板(已安装好)、电源控制盒、光纤传感器7个、磁感应式接近开关8个、物料填装模块1个、选料模块1个、走线槽若干、铝合金板1个、直流电动机2台、交流电动机1台、变频器材、装配工作台2张、计算机及电脑桌2套等组成。

4. 工作现场

现场工作空间充足,方便进行安装调试,工具、材料等准备到位。

5. 技术资料

颗粒上料单元的电气图纸和气动图纸;

相关组件的技术资料;

重要组件安装调试的作业指导书;

工作计划表、材料工具清单表。

（二）安装工艺要求

①工具、材料及各元器件准备齐全。

②导线及元件选择正确、合理。选用的导线(相、中性、地)颜色应有区别,截面应根据负荷性质确定;各元件选择均应满足负载要求。

③工具使用方法正确,不损坏工具及各元器件。

④线管下料节省,固定位置合理、排列整齐并且充分利用板面,固定点距离均匀、尺寸合理,每根管至少固定1个线卡。

⑤所有的线缆应敷设在线槽内,缆线的布放应平直,不得产生扭绞、打圈等现象,导线直角拐弯不能出现硬弯。

⑥敷设多条线缆的位置应用扎线带绑扎,扎线带应保持相应间距,绑扎不能太紧,以免影响线缆的使用。

⑦导线剥削处不应损伤线芯或线芯过长,导线压头应牢固可靠,如多股导线与端子排连接时,应加装压线端子(线鼻子),再压接在端子排上。

⑧接线端子各种标志应齐全,接线端接触应良好。

⑨执行器应按图纸示意角度安装,螺钉安装应牢固,机械传动灵活,无松动或卡涩现象。

（三）安装调试的安全要求

①安装前应仔细阅读数据表中每个组件的特性数据,尤其是安全规则。

②安装各元器件时,应注意底板是否平整。若底板不平,元器件下方应加垫片,以防安装时损坏元器件。

③操作时应注意工具的正确使用,不得损坏工具及元器件。注意剥线时不要削手,配线时不要让线划伤脸。

④只有关闭电源后,才可以拆除电气连接线。系统允许的最大电压为 24DC。

⑤气动回路供气压力不要超过最大允许压力 8 bar(800 kPa),不要在有压力的情况下拆卸连接气动回路。

⑥将所有元件连接完并检查无误后再打开气源。

⑦当打开气泵时要特别小心。汽缸可能会在接通气源的一瞬间伸出或缩回。

⑧通电试验时,操作方法应正确,确保人身及设备的安全。

⑨试运行时,元件工作时不要用手触动,发现异常现象或异味应立即停止,进行检查。

(四)安装调试的步骤

1.传送带的安装

①根据技术图纸,分析气动回路和电气回路,明确线路连接关系。

②按给定的标准图纸选工具和元器件。

③在指定的位置安装工作平台元器件和相应模块。

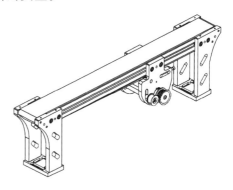

图 1-39　传送带

安装传送带(如图 1-39 所示)的步骤如下:

步骤 1:安装导板 1。

序号	数量	
1.1	1	支撑板 2
1.2	6	T 型螺母 M6
1.3	1	导板 1
1.4	1	主动轮板 2
1.5	6	内六角螺钉
1.6	1	支撑板 1

步骤2：安装主动轮。

序号	数量	
2.1	1	主动轮
2.2	2	深沟球轴承61803

步骤3：安装调节轮。

序号	数量	
3.1	2	调节轮轴
3.2	2	调节轮
3.3	4	深沟球轴承628-8
3.4	4	轴用卡簧

步骤4：安装副动轮。

序号	数量	
4.1	4	副动轮
4.2	8	深沟球轴承618-4

步骤5:安装皮带。

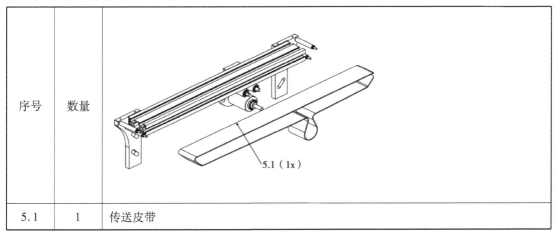

序号	数量	
		5.1（1x）
5.1	1	传送皮带

步骤6:安装侧板。

序号	数量	
		6.5（1x） 6.4（1x） 6.3（1x） 6.2（6x） 6.1（1x）
6.1	1	支撑板1
6.2	6	内六角螺钉
6.3	1	主动板1
6.4	1	支撑板2
6.5	6	T型螺母

步骤7:安装底板。

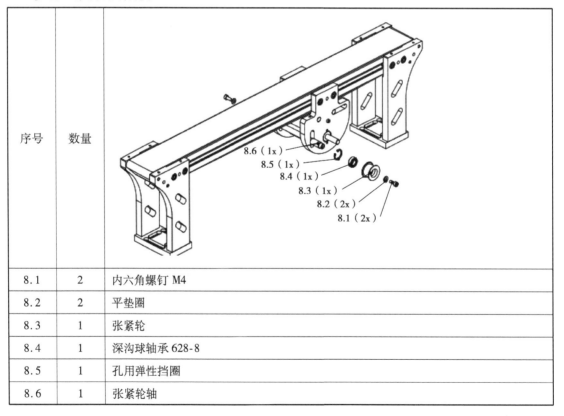

序号	数量	
7.1	8	内六角螺钉
7.2	2	底板

步骤8:安装张紧轮。

序号	数量	
8.1	2	内六角螺钉 M4
8.2	2	平垫圈
8.3	1	张紧轮
8.4	1	深沟球轴承 628-8
8.5	1	孔用弹性挡圈
8.6	1	张紧轮轴

步骤9:安装同步轮。

序号	数量	
		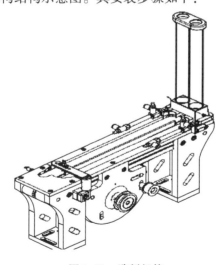
9.1	1	皮带同步轮
9.2	10	内六角螺钉
9.3	4	内六角螺钉

2.选料机构的安装

①根据技术图纸,分析气动回路和电气回路,明确线路连接关系。

②按给定的标准图纸选工具和元器件。

③在指定的位置安装工作平台元器件和相应模块。

图1-40所示为选料机构结构示意图。其安装步骤如下:

图1-40　选料机构

步骤1:安装横梁。

序号	数量	
		1.1（1x）1.2（6x）1.3（1x）1.4（6x）1.5（1x）1.6（1x）
1.1	1	侧板1
1.2	6	内六角螺钉 M6
1.3	1	辊筒固定板1
1.4	6	T 形螺母 M6
1.5	1	侧板2
1.6	1	横梁

步骤2:安装从动轮组1。

序号	数量	
		2.1（2x）2.2（1x）2.3（1x）2.4（4x）2.5（1x）
2.1	2	轴用卡簧
2.2	1	辊筒2
2.3	1	被动轴1
2.4	4	轴承 D16、B5、d8
2.5	1	辊筒1

步骤3:安装从动轮组1。

序号	数量	
		3.1（2x） 3.2（2x） 3.3（1x） 3.4（4x） 3.5（1x）
3.1	2	辊筒1
3.2	1	轴用卡簧
3.3	1	被动轴1
3.4	4	轴承 D16、B5、d8
3.5	1	辊筒2

步骤4:安装主动轮。

序号	数量	
		4.1（2x） 4.2（1x） 4.3（2x） 4.4（1x） 4.5（1x） 4.6（2x） 4.7（1x） 4.8（1x）
4.1	2	轴承 D24、B6、d12
4.2	1	主动轴
4.3	2	孔用卡簧
4.4	1	主动轮辊筒
4.5	1	普通平键1
4.6	2	单向轴承 D32、d12、B10
4.7	1	普通平键2
4.8	1	主动轴隔套

步骤5:安装从动轮组2。

序号	数量	
5.1	4	轴用卡簧
5.2	2	辊筒
5.3	2	被动轴2
5.4	8	轴承 D16、d8、B5
5.5	2	辊筒4

步骤6:安装从动轮组3。

序号	数量	
6.1	4	轴用卡簧
6.2	4	辊筒3
6.3	2	被动轴3
6.4	8	轴承 D16、d8、B5

步骤7:安装皮带。

序号	数量	
		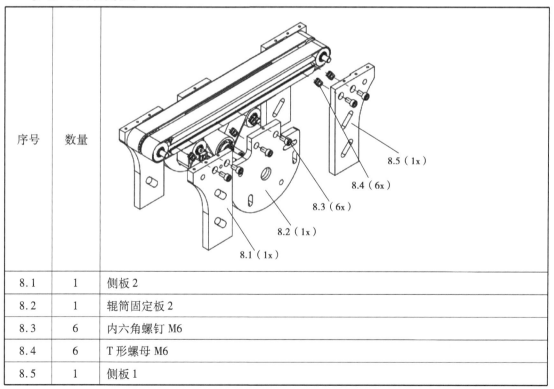
7.1	1	平皮带
7.2	1	平皮带

步骤8:安装侧板。

序号	数量	
8.1	1	侧板2
8.2	1	辊筒固定板2
8.3	6	内六角螺钉M6
8.4	6	T形螺母M6
8.5	1	侧板1

步骤9:安装底板。

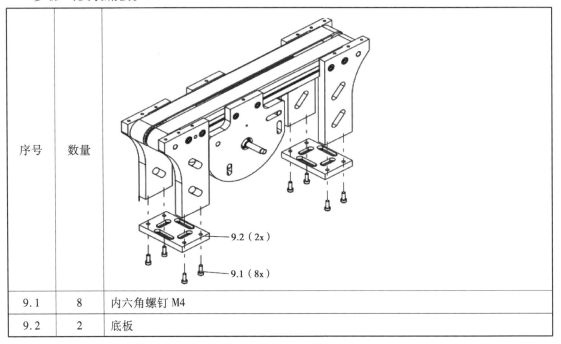

序号	数量	
9.1	8	内六角螺钉 M4
9.2	2	底板

步骤10:安装调节螺钉。

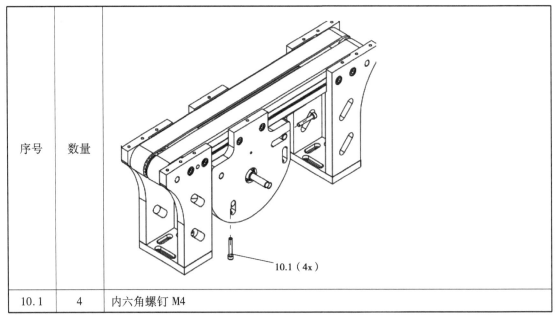

序号	数量	
10.1	4	内六角螺钉 M4

步骤11:安装同步轮。

序号	数量	
		11.2（1x） 11.1（1x）
11.1	1	同步轮
11.2	1	内六角螺钉 M4

步骤12:安装张紧轮。

序号	数量	
		12.7（1x） 12.1（1x） 12.2（1x） 12.3（1x） 12.4（1x） 12.5（1x） 12.6（1x）
12.1	1	六角螺母 M8
12.2	1	张紧轮轴
12.3	1	孔用卡簧
12.4	1	轴承 D16、d8、B5
12.5	1	张紧轮
12.6	1	轴用卡簧
12.7	1	内六角螺钉 M4

步骤 13:安装导向板。

序号	数量	
13.1	1	导向板 1
13.2	4	内六角螺钉 M4

步骤 14:安装左右挡板。

序号	数量	
14.1	1	左挡板
14.2	1	右挡板
14.3	4	内六角螺钉 M4

步骤15:安装中挡板。

序号	数量	
		15.2(4x) 15.1(1x)
15.1	1	中挡板
15.2	4	内六角螺钉 M4

步骤16:安装料筒。

序号	数量	
		16.8(1x) 16.7(2x) 16.6(4x) 16.5(1x) 16.4(2x) 16.3(1x) 16.2(2x) 16.1(2x)
16.1	2	内六角螺钉 M2
16.2	2	内六角螺钉 M4
16.3	1	导向板2
16.4	2	光纤头 E32-ZD200E
16.5	2	料筒座
16.6	4	内六角螺钉 M4
16.7	2	料筒
16.8	1	料筒盖

步骤 17：安装左推料组件。

序号	数量	
17.1	1	左推料块
17.2	1	六角螺母 M3
17.3	1	六角螺母 M6
17.4	1	左汽缸固定件
17.5	2	内六角螺钉 M3
17.6	1	汽缸 PB-6 * 30-S-R
17.7	2	节流阀 ASL4-m5

步骤 18：安装右推料组件。

序号	数量	
18.1	1	右推料块
18.2	1	六角螺母 M3
18.3	1	内六角螺钉 M3
18.4	1	六角螺母 M6
18.5	2	右汽缸固定件
18.6	1	汽缸 PB-6 * 30-S-R
18.7	2	节流阀 ASL4-m5

步骤19:安装传感器。

序号	数量	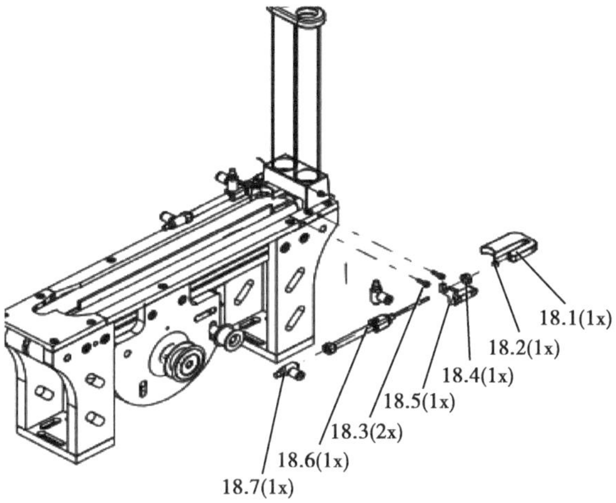
19.1	2	内六角螺钉 M3 * 6
19.2	2	光纤头 E32-ZD200E
19.3	1	光纤传感器支架
19.4	2	十字槽头螺钉 M3 * 8
19.5	1	光纤传感器座
19.6	1	光纤传感器柱
19.7	1	通用传感器安装件
19.8	1	内六角螺钉 M6 * 20
19.9	1	光纤头 E32-ZD200

3. 气动回路和电气控制回路连接

根据线标和设计图纸要求,进行工作平台气动回路和电气控制回路连接。

4. 系统导线连接

系统导线连接如图 1-36 所示。

5. 上电前检查

①观察机构上各元件外表是否有明显移位、松动或损坏等现象,如果存在以上现象,及时调整、紧固或更换元件。

②对照接口板端子分配表(见表 1-5、表 1-6)或接线图检查桌面和挂板接线是否正确,尤其要检查 24 V 电源,电气元件电源线等线路是否有短路、断路现象。

③接通气路,打开气源,手动控制电磁阀,确认各汽缸及传感器的原始状态。

表 1-5 挂板接口板 CN471 端子分配表

接口板 CN471 地址	线 号	功能描述	备 注
01	X00	物料瓶上料检测传感器	
02	X01	颗粒填装位检测传感器	
03	X02	颜色 A 确认传感器	
04	X03	颜色 B 确认传感器	
05	X04	料筒 A 物料检测传感器	
06	X05	料筒 B 物料检测传感器	
07	X06	颗粒到位检测传感器	
08	X07	填装定位汽缸后限位	
09	X14	填装升降汽缸上限位	
10	X15	填装升降汽缸下限位	
11	X16	旋转汽缸左限位	
12	X17	旋转汽缸右限位	
13	X20	吸盘填装限位	
14	X21	推料汽缸 A 前限	
15	X22	推料汽缸 B 前限	
16	X26	前单元就绪信号输入	
17	X27	后单元就绪信号输入	
20	Y00	上料皮带启停	
21	Y01	主皮带启停	
22	Y02	旋转汽缸电磁阀	
23	Y03	填装升降汽缸电磁阀	
24	Y04	取料吸盘电磁阀	
25	Y05	填装定位汽缸电磁阀	
26	Y06	推料汽缸电磁阀 A	
27	Y07	推料汽缸电磁阀 B	
28	Y26	本单元就绪输出 1	
29	Y27	本单元就绪输出 2	
A	+24 V(01)	开关电源正极	
B	PS47 −	24 V 电源负极	
C	KA471：5(02)	KA471 常开触点	
D	KA471：14(09)	KA471 线圈	
E	X10	启动（按钮）	
F	X11	停止（按钮）	
G	X12	复位（按钮）	
H	X13	联机继电器	
I	Y10	启动（指示灯）	
J	Y11	停止（指示灯）	
K	Y12	复位（指示灯）	
L	PS47 +	24 V 电源正极	

表 1-6 桌面接口板 CN472 端子分配表

接口板 CN472 地址	线 号	功能描述	备 注
01	X00	物料瓶上料检测传感器	
02	X01	颗粒填装位检测传感器	
03	X02	颜色 A 确认传感器	
04	X03	颜色 B 确认传感器	
05	X04	料筒 A 物料检测传感器	
06	X05	料筒 B 物料检测传感器	
07	X06	颗粒到位检测传感器	
08	X07	填装定位汽缸后限	
09	X14	填装升降汽缸上限	
10	X15	填装升降汽缸下限	
11	X16	旋转汽缸左限	
12	X17	旋转汽缸右限	
13	X20	吸盘填装限位	
14	X21	推料汽缸 A 前限	
15	X22	推料汽缸 B 前限	
16	X26	前单元就绪信号输入	
17	X27	后单元就绪信号输入	
20	Y00	上料皮带启停	
21	Y01	主皮带启停	
22	Y02	旋转汽缸电磁阀	
23	Y03	填装升降汽缸电磁阀	
24	Y04	取料吸盘电磁阀	
25	Y05	填定定位汽缸电磁阀	
26	Y06	推料汽缸电磁阀 A	
27	Y07	推料汽缸电磁阀 B	
28	Y26	本单元就绪输出 1	
29	Y27	本单元就绪输出 2	
38－45 与 56－63	PS47＋	24 V 电源正极	
46－55 与 64－73	PS47－	24 V 电源负极	

6. 编程调试

编程调试思路:将设备分成 3 大模块:输送皮带、选料(物料分拣)机构、物料填装(吸取)机构;3 大模块各自写成一个子程序;各模块之间通过自己的交换信号,连接成一个完整的单元控制程序。

（1）传送皮带

I/O 分配表见表 1-7。

表 1-7　传送带 I/O 分配表

序号	名称	功能描述	备　注
1	X0	上料传感器感应到物料,X0 闭合	
2	X1	颗粒填装位感应到物料,X1 闭合	
3	X7	定位汽缸后限	
4	X10	启动按钮	
5	X11	停止按钮	
6	X12	复位按钮	
7	Y0	Y0 闭合　上料皮带运行	
8	Y1	Y1 闭合　主皮带运行	
9	Y5	定位汽缸电磁阀	

工作流程如下：

人工将瓶子放到上料皮带上,按下启动按钮→上料皮带启动→当料传感器 X0 检测到物料时→主皮带启动,上料皮带延时停止→当填装位传感器 X1 检测到物料时,延时一定时间→主皮带停止,定位汽缸伸出,将瓶子固定在填装位,等待填装机构进行颗粒填装→当瓶内填装完成后,定位汽缸缩回,主皮带启动将填装好的瓶子送到下一单元。

编程调试。

（2）选料（物料分拣）机构

I/O 分配表见表 1-8。

工作流程如下：人工将颗粒放入料筒内,当传感器 X4 或 X4 检测到物料时,推料汽缸 A 或 B 伸出,A 汽缸或 B 汽缸伸出到位(X21 或 X22 = ON)循环皮带启动运行,对颗粒颜色进行筛选,(当 X2 = ON,X3 = ON 时为白色;当 X2 = ON,X3 = OFF 时为蓝色),当筛选出符合控制要求的颗粒时,传送带停止,延时 0.5 s 后反转,将筛选出的颗粒送到取料位,当取料位传感器 X6 检测到物料时,传送带停止等待取料机构取料,当取料机构将颗粒料取走后,传送带又启动选料。

编程调试。

表 1-8　选料（物料分拣）机构 I/O

序号	名称	功能描述	备　注
1	X2	检测到颜色 A 物料,X2 闭合	
2	X3	检测到颜色 B 物料,X3 闭合	
3	X4	检测到料筒 A 有物料,X4 闭合	

续表

序号	名称	功能描述	备 注
4	X5	检测到料筒 B 有物料,X5 闭合	
5	X6	输送带取料位检测到物料,X6 闭合	
6	X10	启动按钮	
7	X11	停止按钮	
8	X12	复位按钮	
9	X13	联机按钮	
10	X21	推杆汽缸 A 前限	
11	X22	推杆汽缸 B 前限	
12	Y6	Y6 闭合 推料汽缸 A 推料	
13	Y7	Y7 闭合 推料汽缸 B 推料	
14	Y13	Y13 闭合 变频电机正转	
15	Y14	Y14 闭合 变频电机反转	
16	Y15	Y15 闭合 变频电机高速挡	
17	Y16	Y16 闭合 变频电机中速挡	
18	Y17	Y17 闭合 变频电机低速挡	

(3)物料填装(吸取)机构

I/O 分配表见表 1-9。

表 1-9 物料填装(吸取)机构 I/O 分配表

序号	名称	功能描述	备 注
1	X14	填装升降汽缸上限位感应,X14 闭合	
2	X15	填装升降汽缸下限位感应,X15 闭合	
3	X16	旋转汽缸左限感应,X16 闭合	
4	X17	旋转汽缸右限感应,X17 闭合	
5	X20	吸盘填装物料感应,X20 闭合	
6	Y2	Y2 闭合 旋转汽缸旋转	
7	Y3	Y3 闭合 填装升降汽缸下降	
8	Y4	Y4 闭合 取料吸盘拾取	

工作流程如下:

M17 状态:颗粒上料机构将瓶定位结束标志。

编程调试。

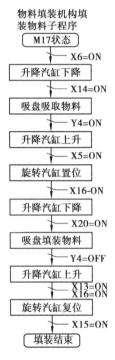

物料填装机构填装物料子程序

M17状态
—— X6=ON
升降汽缸下降
—— X14=ON
吸盘吸取物料
—— Y4=ON
升降汽缸上升
—— X5=ON
旋转汽缸置位
—— X16-ON
升降汽缸下降
—— X20=ON
吸盘填装物料
—— Y4=OFF
升降汽缸上升
—— X13=ON
—— X16=ON
旋转汽缸复位
—— X15=ON
填装结束

(4)颗粒上料单元的整体调试

颗粒上料单元的 I/O 分配表见表1-10。

颗粒上料单元的 I/O 接线图,如图1-41 所示。

颗粒上料单元的工作流程,如图1-42 所示。

编程调试。

表1-10 颗粒上料单元的 I/O 分配表

序号	名称	功能描述	备 注
1	X0	上料传感器感应到物料,X0 闭合	
2	X1	颗粒填装位感应到物料,X1 闭合	
3	X2	检测到颜色 A 物料,X2 闭合	
4	X3	检测到颜色 B 物料,X3 闭合	
5	X4	检测到料筒 A 有物料,X4 闭合	
6	X5	检测到料筒 B 有物料,X5 闭合	
7	X6	输送带取料位检测到物料,X6 闭合	
8	X7	填装定位汽缸后限位感应,X7 闭合	
9	X10	按下启动按钮,X10 闭合	
10	X11	按下停止按钮,X11 闭合	

续表

序号	名称	功能描述	备注
11	X12	按下复位按钮,X12 闭合	
12	X13	按下联机按钮,X13 闭合	
13	X14	填装升降汽缸上限位感应,X14 闭合	
14	X15	填装升降汽缸下限位感应,X15 闭合	
15	X16	旋转汽缸左限感应,X16 闭合	
16	X17	旋转汽缸右限感应,X17 闭合	
17	X20	吸盘填装物料感应,X20 闭合	
18	X21	推料汽缸 A 前限感应,X21 闭合	
19	X22	推料汽缸 B 前限感应,X22 闭合	
20	X26	前单元就绪信号输入,X42 闭合	
21	X27	后单元就绪信号输入,X42 闭合	
22	Y0	Y0 闭合 上料皮带运行	
23	Y1	Y1 闭合 主皮带运行	
24	Y2	Y2 闭合 旋转汽缸旋转	
25	Y3	Y3 闭合 填装升降汽缸下降	
26	Y4	Y4 闭合 取料吸盘拾取	
27	Y5	Y5 闭合 填装定位汽缸伸出	
28	Y6	Y6 闭合 推料汽缸 A 推料	
29	Y7	Y7 闭合 推料汽缸 B 推料	
30	Y10	Y10 闭合 启动指示灯亮	
31	Y11	Y11 闭合 停止指示灯亮	
32	Y12	Y12 闭合 复位指示灯亮	
33	Y13	Y13 闭合 变频电机正转	
34	Y14	Y14 闭合 变频电机反转	
35	Y15	Y15 闭合 变频电机高速挡	
36	Y16	Y16 闭合 变频电机中速挡	
37	Y17	Y17 闭合 变频电机低速挡	
38	Y26	Y26 闭合 本单元就绪输出 1	
39	Y27	Y27 闭合 本单元就绪输出 2	

检查并清理工作现场,确认工作现场无遗留的元器件、工具和材料等物品。

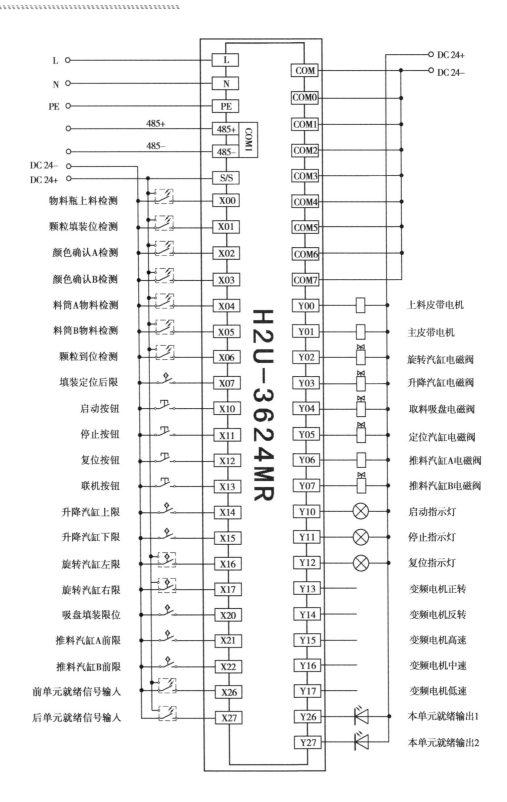

图 1-41　颗粒上料单元的 I/O 接线图

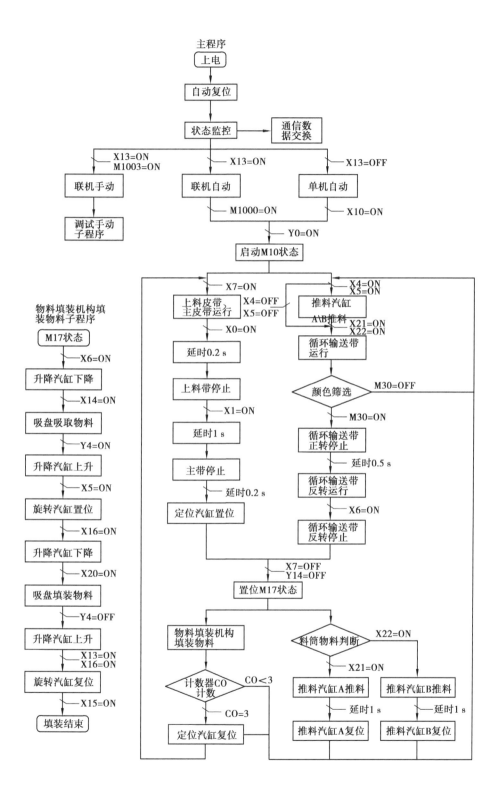

图 1-42　颗粒上料单元的工作流程图

四、检查评估

该任务的检查主要包括三个方面:颗粒上料单元组装、整机调试和安全操作。检查表格见表 1-11。

表 1-11　考核表

考核项目			配分	扣分	得分
安全操作	违反以下安全操作要求	220 V、24 V 电源混淆	0	100	
		带电操作			
		带气操作			
		严重违反安全规程			
	安全与环保意识	24 V 直流电源正、负接反	5		
		操作中掉工具、掉线、掉气管	5		
组装	上料传送模块	上料皮带	5		
		主皮带	5		
		固定传感器支架位置	2		
		光纤传感器安装	2		
		定位汽缸位置	5		
		磁电传感器	1		
	选料模块	选料皮带	5		
		料筒 A、B	2		
		推料汽缸 A、B 位置	4		
		光纤传感器位置	5		
		磁性开关位置	2		
		固定颜色确认传感器支架	1		
	安装气路	定位汽缸气路	2		
		推料汽缸气路	4		
		吸盘装置气路	4		
	连接电气回路	电磁阀	5		
		传感器	5		
	系统接线	PLC 与工作平台连接	1		
		PLC 与控制面板连接	1		
		PLC 与电源连接	1		
		PLC 与 PC 机连接	1		
	通电通气检测、调试执行元件和传感器位置;检查电气接线	传感器位置正确,接线正确	3		
		气路检测方法得当,结果正确	3		
	检测无误后,规范布线。要求气管捆扎整齐,电线走线槽	气路规范	5		
		电线整齐	5		

续表

	考核项目		配分	扣分	得分
整机调试	下载 PLC 程序并运行;PLC 置于监视状态;调试系统功能	会正确下载 PLC 程序并调试系统功能	6		
	如果在传输程序时,出现错误信号,请分析原因并排除故障	会查找故障并能排除	5		
	合 计		100		

【自我测试】

一、填空题

1. 颗粒上料单元 PLC 的 I/O 接线端口有_____个输入接线端子和_____个输出接线端子,在每一路输入、输出上都有_____显示,用于显示相应的输入、输出信号状态,供系统调试使用。在每一个端子旁都有_____标号,以说明端子的位地址。

2. 系统调试时气压力应调_____bar。

3. 光电式传感器是用光电转换器件作敏感元件,将_____转换为_____的装置。光电式传感器的种类很多,按照其输出信号的形式,可以分为_____、_____、_____。

4. 光电式接近开关主要由_____和_____组成。_____用于发射红外光或可见光。_____用于接收发射器发射的光,并将光信号转换成电信号以开关量形式输出。

5. 对射式光电接近开关是指光发射器(光发射器探头或光源探头)与光接收器(光接收器探头)处于_____的位置工作的光电接近开关。

6. 真空检测开关具有开关量输出的真空压力检测装置,当进气口的气压小于一定的值时,传感器动作,输出开关量1,同时,LED 灯_____,否则,输出信号 0,LED 灯_____。

7. 干簧管由一对由_____材料制造的弹性磁簧组成。恒磁铁或线圈产生的磁场施加于干簧管开关上,使干簧管两个磁簧磁化,使一个磁簧在触点位置上生成一个_____极,另一个磁簧的触点位置上生成一个_____极。若生成的磁场吸引力克服了磁簧的弹性产生的阻力,磁簧被吸引力作用接触导通,即电路_____。一旦_____消除,磁簧因弹力作用又重新分开,即电路断开。

8. 在安装调试工作站气动回路时,将所有元件连接完并检查无误后再打开_____,不要在有压力的情况下_____和连接。

9. 在安装调试各个单元站时,只有_____电源后,才可以拆除电气连接线。

二、问答题

1. 对射式光电传感器的工作原理是什么?

2. 磁感应式接近开关的结构和工作原理是什么?

3. 二位五通的带手控开关的单侧电磁先导控制阀的工作原理是什么?

4. 安装前需要做哪些准备工作?

项目二 加盖拧盖单元组装调试

【项目描述】

熟悉加盖拧盖单元结构和组成,坚持由简到难的原则,合理制订组装调试计划和程序编写计划。选择合适正确的工具和仪器,与小组成员协作分工进行加盖拧盖单元的组装调试;根据控制任务的要求及在考虑安全、效率、工作可靠性的基础上,在计算机上进行加盖、拧盖单元 PLC 控制程序编制,下载 PLC 控制程序,完成加盖拧盖单元的功能调试,并对组装调试进行综合评价。

图 2-1 是安装好的加盖拧盖单元全貌。

图 2-1 加盖拧盖单元

【项目要求】

知识目标:

● 能理解机械、电气安装工艺规范和相应的国家标准;

● 能描述加盖拧盖单元的结构、工作原理;

● 能理解加盖拧盖单元 I/O 端子和接线方法;

● 能描述加盖拧盖单元传感器的工作原理和安装调试方法;

● 能理解气动回路、电气回路和整机调试方法;

● 能理解组装和测量工具的使用方法;

● 能理解 N∶N 网络通信技术。

技能目标:

● 能正确识读机械和电气工程图纸;

● 能进行加盖拧盖单元组件装调;

● 能正确连接气动回路和电气回路;

● 能制订组装调试的技术方案、工作计划和检查表;

● 能根据任务要求编写控制程序;

● 能进行加盖拧盖单元运行调试与故障诊断维护;

● 能进行 N∶N 网络通信控制编写;

● 能通过多种渠道获取相应信息。

情感目标:

● 能养成良好的敬业精神和不断学习的进取精神;

- 能处理基本的人际关系参与团队合作,共同完成项目;
- 能意识到规范操作和安全操作的重要性;
- 能养成一丝不苟、严谨细致的工作态度,严格遵守自己的岗位职责;
- 具有一定的安全、节能、环保和质量意识。

【工作过程】

表 2-1 工作内容

工作过程		工作内容
收集信息	资讯	获取以下信息和知识: 加盖拧盖单元的功能及结构组成、主要技术参数; 光电传感器、磁感应传感器的结构和工作原理; 加盖机构、拧盖机构、传送机构的结构和工作原理; 加盖拧盖单元工作流程; 加盖拧盖单元安全操作规程
决策计划	决策	确定光电传感器、磁感应传感器的类型和数量; 确定光电传感器、磁感应传感器的安装方法; 确定加盖拧盖单元组装和测量工具; 确定加盖拧盖单元安装调试工序
	计划	根据技术图纸编制组装调试计划; 填写加盖拧盖单元组装调试所需组件、材料和工具清单
组织实施	实施	组装前对推料汽缸、传感器、直流电机、PLC 等组件的外观、型号规格、数量、标志、技术文件资料进行检验; 根据图纸和设计要求,正确选定组装位置,进行 PLC 控制板各元件安装和电气回路的连接; 根据图纸,正确选定组装位置,进行传送机构、加盖机构、拧盖机构、顶料汽缸、传感器、I/O 的接线端口、气源处理组件、走线槽等安装; 根据线标和设计图纸要求,完成加盖拧盖单元气动回路和电气控制回路连接; 进行传送机构、加盖机构和拧盖机构的调试以及整个单元调试和试运行; 进行同颗粒上料单元联机运行调试
检查评估	检查	电气元件安装位置及接线是否正确,接线端接头处理是否符合工艺标准; 机械部件是否完好,组装位置是否恰当、正确; 传感器安装位置及接线是否正确; 单元功能检测; 同颗粒上料单元联机检测
	评估	加盖拧盖单元组装调试各工序的实施情况; 加盖拧盖单元组装调试运行情况; 团队精神,协作配合默契度,分工情况; 工作反思

一、收集信息

(一)加盖拧盖单元介绍

1. 加盖拧盖单元功能

加满颗粒的瓶子被输送到加盖机构后,加盖机构启动加盖流程,将盖子加到瓶子上;加上盖子的瓶子继续被送往拧盖机构,到拧盖机构正下方后,拧盖机构启动,将瓶盖拧紧。

看一看、想一想?

◇ 如何将瓶子准确输送到加盖、拧盖机构的正下方? 你的解决措施是什么?

◇ 如何判断瓶盖拧紧程度? 你的依据是什么? 解决措施有哪些?

2. 加盖拧盖单元结构组成

加盖拧盖单元结构如图 2-2 所示。加盖拧盖单元主要由输送机构、加盖机构、拧盖机构、定位机构、感应机构组成。输送机构由直流电动机驱动;瓶子的定位由光电传感器检测,到位后,定位机构的定位汽缸伸出夹紧瓶子,进行加盖拧盖流程;加工完成的工件再通过输送机构传送到下一个单元。

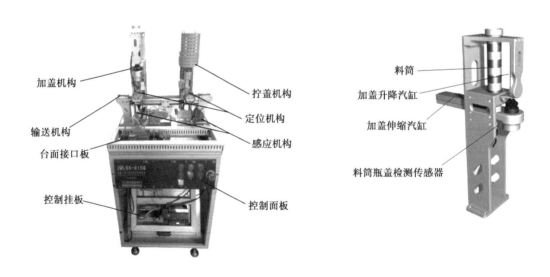

图 2-2　加盖拧盖单元结构　　　　　图 2-3　加盖机构

(1)加盖机构

加盖机构如图 2-3 所示,主要由 2 个单作用汽缸、电容式开关传感器、支架等组成。瓶子到位后,伸缩汽缸伸出,并将瓶盖推出后,升降汽缸下降,将瓶盖准确无误地加到瓶子上。

(2)拧盖机构

拧盖机构如图 2-4 所示,主要由 1 个单作用汽缸、拧盖电机、磁感应式传感器、支架等组成,拧盖电机通过中间继电器通断而工作,速度不可调节,且连接旋紧结构。当加好盖子的瓶子到达拧盖机构下方后,电动机运行使升降汽缸动作,来实现瓶盖的拧紧功能。

（3）定位机构

定位机构如图 2-5 所示,通过输送机构将瓶子送到加盖机构和拧盖机构正下方后,汽缸动作伸出夹紧固定瓶子。

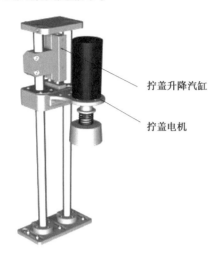

图 2-4 拧盖机构　　　　　图 2-5 定位机构

拧盖升降汽缸

拧盖电机

定位机构

（4）感应机构

在输送机构上安装有 2 个光纤传感器的光纤头,用于检测瓶子是否到位。

（5）输送机构

输送机构由直流电动机、皮带、支架等组成,主要通过中间继电器触点的通断控制,采用 DC24V 电源给电动机供电。

思考?

◇ 怎样实现瓶子在输送机构上同时加、拧盖动作? 你的思路是什么? 你是如何实施的?

◇ 当拧盖电机反转时,你看到的现象是什么? 你的解决措施是什么?

◇ 说一说单作用汽缸与双作用汽缸之间的区别。

3. 电气通信接口

（1）控制原理

控制原理图如图 2-6 所示。

（2）单机流程

单机流程如图 2-7 所示。

PLC I/O 功能分配见表 2-2。

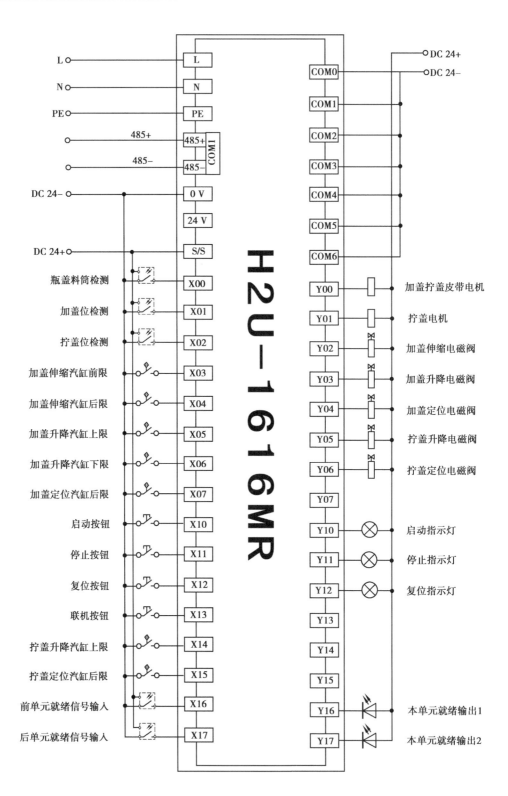

图 2-6 加盖拧盖单元控制原理图

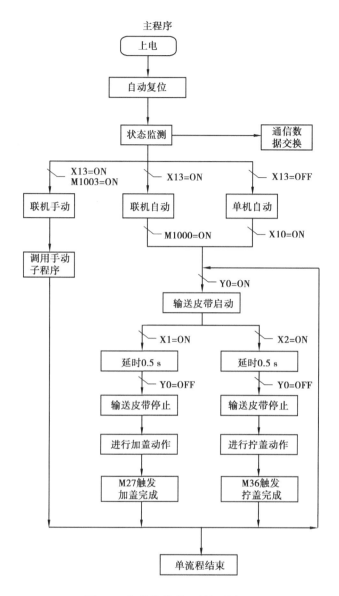

图 2-7 加盖拧盖单元单机流程图

表 2-2 PLC I/O 功能分配表

序号	名称	功能描述	备 注
1	X0	瓶盖料筒感应到瓶盖,X0 闭合	
2	X1	加盖位传感器感应到物料,X1 闭合	
3	X2	拧盖位传感器感应到物料,X2 闭合	
4	X3	加盖伸缩汽缸伸出前限位感应,X3 闭合	
5	X4	加盖伸缩汽缸缩回后限位感应,X4 闭合	

续表

序号	名称	功能描述	备注
6	X5	加盖升降汽缸上限位感应,X5 闭合	
7	X6	加盖升降汽缸下限位感应,X6 闭合	
8	X7	加盖定位汽缸后限位感应,X7 闭合	
9	X10	按下启动按钮,X10 闭合	
10	X11	按下停止按钮,X11 闭合	
11	X12	按下复位按钮,X12 闭合	
12	X13	按下联机按钮,X13 闭合	
13	X14	拧盖升降汽缸上限位感应,X14 闭合	
14	X15	拧盖定位汽缸后限位感应,X15 闭合	
15	X16	前单元就绪信号输入,X16 闭合	
16	X17	后单元就绪信号输入,X17 闭合	
17	Y0	Y0 闭合,加盖拧盖皮带运行	
18	Y1	Y1 闭合,拧盖电机运行	
19	Y2	Y2 闭合,加盖伸缩汽缸伸出	
20	Y3	Y3 闭合,加盖升降汽缸下降	
21	Y4	Y4 闭合,加盖定位汽缸伸出	
22	Y5	Y5 闭合,拧盖升降汽缸下降	
23	Y6	Y6 闭合,拧盖定位汽缸伸出	
24	Y10	Y10 闭合,启动指示灯亮	
25	Y11	Y11 闭合,停止指示灯亮	
26	Y12	Y12 闭合,复位指示灯亮	
27	Y16	Y16 闭合,本单元就绪输出 1	
28	Y17	Y17 闭合,本单元就绪输出 2	

（3）接口板端子分配

挂板接口板 CN261 端子分配见表 2-3。

表2-3 挂板接口板 CN261 端子分配表

接口板 CN261 地址	线号	功能描述	备 注
01	X00	瓶盖料筒检测传感器	
02	X01	加盖位检测传感器	
03	X02	拧盖位检测传感器	
04	X03	加盖伸缩汽缸前限	
05	X04	加盖伸缩汽缸后限	
06	X05	加盖升降汽缸上限	
07	X06	加盖升降汽缸下限	
08	X07	加盖定位汽缸后限	
09	X14	拧盖升降汽缸上限	
10	X15	拧盖定位汽缸后限	
11	X16	前单元就绪信号输入	
12	X17	后单元就绪信号输入	
20	Y00	加盖拧盖皮带启停	
21	Y01	拧盖电机启停	
22	Y02	加盖伸缩汽缸电磁阀	
23	Y03	加盖升降汽缸电磁阀	
24	Y04	加盖定位汽缸电磁阀	
25	Y05	拧盖升降汽缸电磁阀	
26	Y06	拧盖定位汽缸电磁阀	
27	Y16	本单元就绪输出 1	
28	Y17	本单元就绪输出 2	
A	+24 V(01)	开关电源正极	
B	PS26 −	24 V 电源负极	
C	KA261:5(02)	KA261 常开触点	
D	KA261:13(03)	KA261 线圈	
E	X10	启动(按钮)	
F	X11	停止(按钮)	
G	X12	复位(按钮)	
H	X13	单/联机	
I	Y10	启动(指示灯)	
J	Y11	停止(指示灯)	
K	Y12	复位(指示灯)	
L	PS26 +	24 V 电源正极	

桌面接口板 CN262 端子分配见表 2-4。

表 2-4　桌面接口板 CN262 端子分配表

接口板 CN262 地址	线号	功能描述	备　注
01	X00	瓶盖料筒检测传感器	
02	X01	加盖位检测传感器	
03	X02	拧盖位检测传感器	
04	X03	加盖伸缩汽缸前限	
05	X04	加盖伸缩汽缸后限	
06	X05	加盖升降汽缸上限	
07	X06	加盖升降汽缸下限	
08	X07	加盖定位汽缸后限	
09	X14	拧盖升降汽缸上限	
10	X15	拧盖定位汽缸后限	
11	X16	前单元就绪信号输入	
12	X17	后单元就绪信号输入	
20	Y00	加盖拧盖皮带启停	
21	Y01	拧盖电机启停	
22	Y02	加盖伸缩汽缸电磁阀	
23	Y03	加盖升降汽缸电磁阀	
24	Y04	加盖定位汽缸电磁阀	
25	Y05	拧盖升降汽缸电磁阀	
26	Y06	拧盖定位汽缸电磁阀	
27	Y16	本单元就绪输出 1	
28	Y17	本单元就绪输出 2	
38 – 45 与 56 – 63	PS26 +	24 V 电源正极	
46 – 55 与 64 – 73	PS26 –	24 V 电源负极	

(二) FX 通信介绍 (RS-232C, RS485)

1. 通信类型

- N : N 网路；
- 并行链接；
- 计算机链接 (用专用协议进行数据传输)；
- 无协议通信 (用 RS 指令进行数据传输)；
- 可选编程端口。

2. N∶N 网络

在 N∶N 网络中辅助继电器功能见表2-5。

表 2-5　辅助继电器功能

特性	辅助继电器		名　称	描　述	响应类型
	FX$_{0N}$，FX$_{1s}$	FX$_{1N}$，FX$_{2N}$，FX$_{2NC}$			
R	M8038		N∶N 网络参数设置	用来设置 N∶N 网络参数	M，L
R	M504	M8183	主站点的通信错误	当主站点产生通信错误时，它是 ON	L
R	M504 到 M511	M8184 到 M8191	从站点的通信错误	当从站点产生通信错误时，它是 ON	M，L
R	M503	M8191	数据通信	当与其他站点通信时，它是 ON	M，L

R∶只读　　　　W∶只写　　　　M∶主站点　　　　L∶从站点

在 N∶N 网络中数据寄存器功能见表2-6。

表 2-6　数据寄存器功能

特性	辅助断电器		名　称	描　述	响应类型
	FX$_{0N}$，FX$_{1S}$	FX$_{1N}$，FX$_{2N}$，FX$_{2NC}$			
R	D8173		站点号	存储它自己的站点号	M，L
R	D8174		从站点总数	存储从站点的总数	M，L
R	D8175		刷新范围	存储刷新范围	M，L
W	D8176		站点号设置	设置它自己的站点号	M，L
W	D8177		总从站点数设置	设置从站点的总数	M
W	D8178		刷新范围设置	设置刷新范围	M
W/R	D8179		重试次数设置	设置重试次数	M
W/R	D8180		通信超时设置	设置通信超时	M
R	D201	D8201	当前网络扫描时间	存储当前网络扫描时间	M，L
R	D202	D8202	最大网络扫描时间	存储最大网络扫描时间	M，L
R	D203	D8203	主站点的通信错误数目	主站点的通信错误数目	L
R	D204 到 D210	D8204 到 D8210	从站点的通信错误数目	从站点的通信错误数目	M，L
R	D211	D8211	主站点的通信错误代码	主站点的通信错误代码	L
R	D212 到 D218	D8212 到 D8218	从站点的通信错误代码	从站点的通信错误代码	M，L
—	D219 到 D255	—	未用	用于内部处理	—

R∶只读　　　　W∶只写　　　　M∶主站点　　　　L∶从站点

当程序运行或可编程控制器电源打开时,N∶N 网络的每一个设置都变为有效。

(1)设定站点号(D8176)

设定 0 到 7 的值到特殊数据寄存器 D8176 中,见表 2-7。

表 2-7　D8176 中数值功能

设定值	描　述
0	主站点
1 到 7	从站点　(例:1 是第 1 从站点,2 是第 2 从站点…)

(2)设定从站点的总数(D8177)

设定 0 到 7 的值到主站点的特殊数据寄存器 D8177 中(默认 = 7)。而从站点中不需要设定此参数。

例:设定值为 1,则有 1 个从站点;设定值为 2,则有两个从站点。

(3)设置模式选择(刷新范围)

设定 0 ~ 2 的值到特殊数据寄存器 D8178 中(默认 = 0)。从站点中不需要设定此参数。在每种模式下使用的元件被 N∶N 网络的所有站点所占用,见表 2-8。

表 2-8　D8178 中数值功能

通信设备	刷新范围		
	模式 0 (FX_{0N},FX_{1S},FX_{1N},FX_{2N},FX_{2NC})	模式 1 (FX_{1N},FX_{2N},FX_{2NC})	模式 2 (FX_{1N},FX_{2N},FX_{2NC})
位软元件(M)	0 点	32 点	64 点
字软元件(D)	4 点	4 点	8 点

注:在本单元与颗粒上料单元通信中一般默认选择为模式 2,见表 2-9。

表 2-9　在模式 2 的情况下(FX_{1N},FX_{2N},FX_{2NC})

站点号	软元件	
	位软元件(M)	字软元件(D)
	64 点	8 点
第 0 号	M1000 到 M1063	D0 到 D7
第 1 号	M1064 到 M1127	D10 到 D17
第 2 号	M1128 到 M1191	D20 到 D27
第 3 号	M1192 到 M1255	D30 到 D37
第 4 号	M1256 到 M1319	D40 到 D47
第 5 号	M1320 到 M1383	D50 到 D57
第 6 号	M1384 到 M1447	D60 到 D67
第 7 号	M1448 到 M1511	D70 到 D77

注:模式 0 和模式 1 请查阅相关信息或参看《232　485 通讯手册》。

说明:第 0 号(主站点)中的 M 和 D 被占用后,其他站点则不能再用;如 M1000、D0 被主站占用后,1 号从站点至 7 号从站点则不能再占用,只能调取 M1000、D0 的值;不能直接改变其(M1000、D0)值,只能在主站点(0 号)中改变其(M1000、D0)赋予的值;其他站点的 M 和 D 同理。

(4)设置重试次数(D8179)

设置 0 ~10 的值到特殊数据寄存器 D8179 中(默认 =3)。从站点中不需要设定此参数。

(5)设置通信时间(D8180)

设置 5 ~255 的值到特殊数据寄存器 D8180 中(默认 =5)。此设定值乘以 10 ms 就是通信超时的持续时间,即通信超时是主站点与从站点间的通信驻留时间。

例:如设置为 K6,则为 6 × 10 ms = 60 ms。

(6)网络功能

在最多 8 台 FX 可编程控制器之间,通过 RS485-BD 通信连接,进行软元件互相链接的功能。(注:总延长距离最大可达 500 m)

(7)通信协议

通信方式采用半双工通信,其余采取固定值。

3. 编程实例

例:3 台 FX2nPLC 之间通过 FX-485-BD 链接通信,刷新范围设置为模式 2,重试次数 3 次,超时时间为 60 ms,硬件完成如下操作:

①通过主战输入 X0 来控制 1 号、2 号从站 Y1 指示灯亮;

②通过 1 号从站输入 X0 来控制主站 Y0 指示灯亮;

③通过 1 号从站输入 X1 来控制 2 号从站 Y0 指示灯亮;

④通过 2 号从站输入 X0 来控制主站 Y1 指示灯亮;

⑤通过 2 号从站输入 X1 来控制 1 号从站 Y0 指示灯亮。

程序编写如图 2-8 所示。

(三)PLC 编程软件(GX Developer V8)的安装与使用

1. Environment of MELSOFT 安装

①运行"EnvMEL"文件夹中的可执行安装程序文件"SETUP. EXE",如图 2-9 所示。弹出"欢迎"对话窗,单击"下一个"按钮,如图 2-10 所示。

②再单击"下一个"按钮,如图 2-11 所示。

③单击"结束"按钮,即完成 Environment of MELSOFT 的安装,如图 2-12 所示。

2. GX 软件的安装

①运行"GX Developer 8.86 PLC 软件"文件夹下的可执行安装程序文件"SETUP. EXE",单击"确定"按钮。

②在"欢迎"对话框中,单击"下一个"按钮,弹出"用户信息"对话框,再单击"下一个"按钮,将弹出"注册确认"对话框,单击"是"按钮。

③在"输入产品序列号"对话框中,输入"423-444127508"后单击"下一个"按钮,后续操作选择默认设置,一直单击"下一个"按钮,等待几分钟时间,完成安装后单击"确认"按钮。

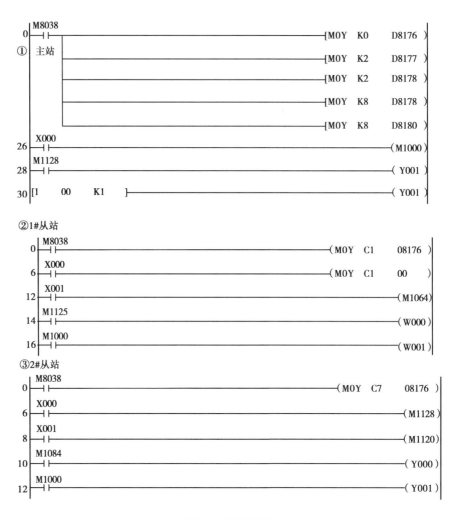

图 2-8　实例程序

图 2-9　安装文件

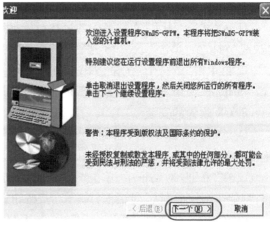

图 2-10　安装 1

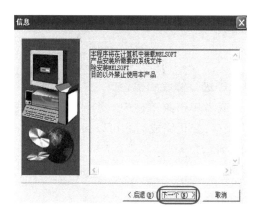

图 2-11　安装 2

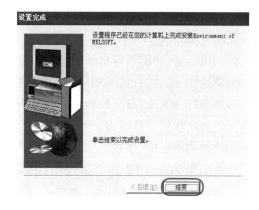

图 2-12　安装 3

3. GX 软件的使用

①双击桌面上的"GX-Developer"快捷图标,打开软件,其界面如图 2-13 所示。在界面中包括标题栏、菜单栏、工具栏、编程窗口、管理窗口等。

图 2-13　GX 软件的界面

②单击菜单栏中"工程",选择"创建新工程"或者按 Ctrl + N 键,在弹出的对话框中选择 PLC 类型,如设置 PLC 系列为 FXCPU,类型为 FX2N(C),单击"确定"按钮,如图 2-14 所示。

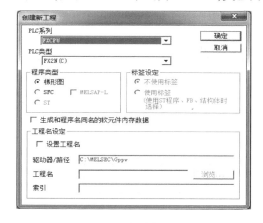

图 2-14　创建新工程

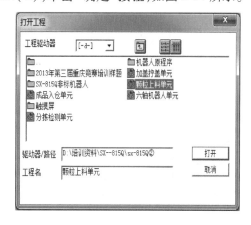

图 2-15　打开工程

③打开工程,如图 2-15 所示。

④编程操作。

输入梯形图:在编程窗口编辑程序。

编辑操作:通过执行"编辑"菜单栏中的指令,对程序进行修改和检查。

梯形图的转换及保存:编辑好的程序需先按 F4 键或者单击菜单栏中"变换",若在未变换的情况下关闭软件或者编程窗口,则新编梯形图无法保存,变化完成后才可以保存。

⑤选择菜单栏中"在线"→"传输设置",如图 2-16 所示。

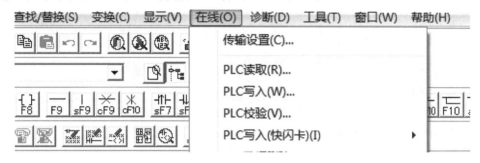

图 2-16　传输设置

⑥双击"串行",选择 RS-232C 通信形式,接口 COM1,波特率为 19.2 kbps,如图 2-17 所示。

＊注意:在计算机上使用通信线时,需要在"我的电脑"→"属性"→"硬件"→"设备管理器"→"端口(COM 和 LTP)"→" 通信端口(COM X)"中选择,"X"为端口号,需与外设通信时设置成一致。

⑦单击"通信测试"按钮,若连接成功后将弹出连接成功对话框,单击"确认"按钮关闭,如图 2-18 所示。

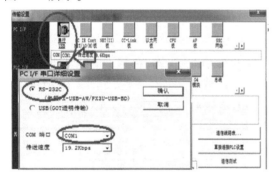

图 2-17　通信端口

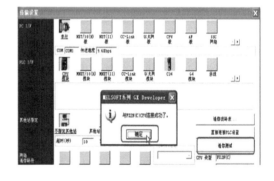

图 2-18　通信测试

思考?

◇ 如果在通信测试时,显示为连接不成功,你的解决措施是什么?

⑧再单击"确认"按钮保存结束设置。

⑨程序的写入/读取。

PLC 在 STOP 的情况下,执行菜单栏"在线"→"PLC 写入/PLC 读取"命令,在出现的对话框中选择"参数+程序",再单击"执行"按钮,完成程序的写入/读取,如图2-19所示。

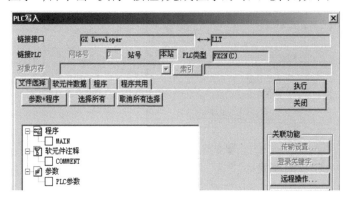

图2-19 程序写入/读取

注意:

• 计算机的RS232C端口及PLC之间必须用指定的电缆线及转换器连接。

• PLC必须在STOP状态下,才能执行程序传送。

• 执行"PLC写入"后,PLC中程序将被丢失,原程序将被写入的程序替代。

• 在"PLC读取"时。程序必须在RAM或EE-PROM内存保护关断的情况下读取。

⑩程序的运行及监控。

运行:执行菜单栏"在线"→"远程操作"→设置PLC为RUN模式,程序运行。

监控:程序运行后,执行菜单栏"在线"→"监视",可以对PLC进行监控,操作相关输入信号,观察输出状态,如图2-20所示。

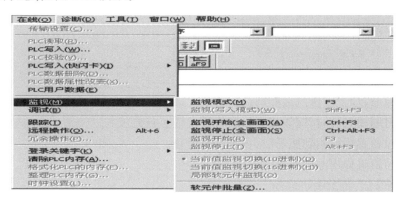

图2-20 监控操作

⑪程序调试。

在程序运行过程中常出现的错误有两种:

一般错误:运行的结果与设计程序要求不一致,只需要将PLC设为STOP模式和写入模式,重新输入程序即可。

致命错误:需在PLC为STOP模式下,执行菜单栏中"在线"→"清除PLC内存",在数据对象中全打钩后,单击"执行"按钮,再重新输入程序即可,如图2-21所示。

图 2-21　清除 PLC 内存

（四）加盖拧盖单元控制要求

在 SX-815Q 设备中，加盖拧盖单元构成该设备的第二个环节，用于实现对第一个单元传送过来的瓶子进行加盖和拧盖，也可以作为独立单元工作。

（1）在启动前，加盖拧盖单元的执行机构若不在初始位置、瓶盖料筒中未添加瓶盖、拧盖电机和输送皮带未停止，则不允许启动。其初始位置为：输送皮带和拧盖电机处于停止状态；加盖伸缩汽缸处于退回状态；加盖和拧盖升降汽缸处于上升状态；定位机构汽缸处于退回状态。

（2）按下启动按钮后，系统按如下工作顺序运作：

①在瓶盖料筒中放入一定数量的瓶盖，人工将瓶子放到输送带起始端，按下启动按钮后，启动指示灯亮，复位指示灯灭，输送皮带开始运行。

②当加盖位检测到瓶子后，皮带延时停止。

③加盖定位汽缸伸出准确将瓶子定位。

④瓶子定位后，且瓶盖料筒检测有盖时，加盖汽缸伸出。

⑤伸出到位后，升降汽缸下降。

⑥下降到位后，推盖汽缸缩回。

⑦缩回到位后，升降汽缸上升。

⑧上升到位后，加盖定位汽缸缩回。

⑨定位汽缸缩回到位后，输送皮带启动将瓶子送至拧盖位。

⑩当拧盖位传感器检测到瓶子后，皮带延时停止。

⑪拧盖定位汽缸伸出准确将瓶子定位。

⑫延时 0.2 s 后，拧盖电机启动。

⑬启动后延时 0.1 s 后，升降汽缸下降。

⑭延时将瓶盖拧紧后，拧盖电机停止。

⑮停止后，升降汽缸上升。

⑯上升到位后，拧盖定位汽缸缩回。

⑰汽缸缩回到位后，输送皮带启动，瓶子被输送到皮带末端。

（3）按下停止按钮，单元停止运行，停止指示灯亮，启动指示灯灭。

（4）按下复位按钮，单元复位到初始位置，复位指示灯亮，停止和启动指示灯均灭。

（5）在单机调试下，当按下启动按钮时，将输送皮带上的瓶子通过加盖、拧盖后，输送到下一个工作单元,然后延时停止设备工作。

(6)在联机调试下,当按下启动按钮时,将输送皮带上的瓶子通过加盖、拧盖后输送到一个工作单元,只要检测到有瓶子,继续运行工作,直到料筒中无瓶盖和输送皮带上无瓶子,在执行完成任务后延时停止。

二、决策计划

表2-10　决策计划

安装调试过程中必须遵守哪些规定/规则	国家相应规范和政策法规、企业内部规定
需要准备的工具、仪器和材料	参见本教材相应内容
传送带、各种传感器、气管、汽缸、电磁阀等类型、数量和安装方法	参见本教材相应内容
采用的组织形式,人员分工	本组成员讨论决定
安装调试内容,进度和时间安排	本组成员讨论决定
传送皮带安装与调试工作流程; 加盖机构安装与调试工作流程; 拧盖机构安装与调试的工作流程	参见本教材相应内容
在安装和调试过程中,影响环保的因素有哪些?如何解决	分析查找相关网站

单机操作工作流程如下:

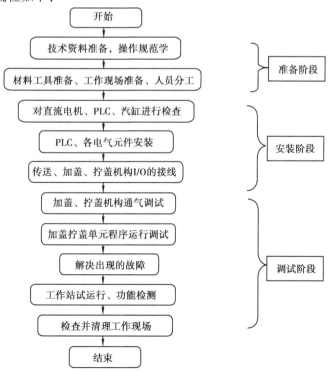

三、组织实施

表 2-11　安装中的问题

安装调试过程中必须遵守哪些规定/规则	国家相应规范和政策法规、企业内部规定
安装调试前,应做哪些准备	在安装调试前,应准备好安装调试用的工具、材料和设备,并做好工作现场和技术资料的准备工作
在安装加盖机构、拧盖机构时都应注意些什么	参见本教材相应内容
在安装时,选择哪些规格的气管?这些气管是否符合规程	参见本教材相应内容
在安装与调试时,应该特别注意哪些事项	参见本教材相应内容
在安装和调试过程中,采用何种措施减少材料的损耗	分析工作过程,查找相关网站

(一)编程准备

在编制控制程序前,应准备所需的技术资料,做好工作现场的准备工作。

1. 技术资料

①加盖拧盖单元的电气图纸;

②相关安装组件的技术资料;

③单元 I/O 分配表;

④桌面接口板端子分配表。

2. 工作现场

①能够运行软件操作系统的计算机,在计算机上需包含 GX Developer 8.86 编程软件。

②工具、材料已在工作台上准备就绪。

(二)安装调试

①根据技术图纸合理分配电气回路和气动回路。

②依照安装要求合理选择工具和元器件。

③在指定的位置上安装元器件和相应机构模块。

④工作单元安装完成后,按照要求进行电气控制回路的连接。

⑤在控制要求下进行加盖机构、拧盖机构、定位机构和输送机构上各个传感器的调试。

⑥整体调试。

硬件检查:检查电源、电气连接、机械元件是否损坏,连接是否正确,检测元件是否都可以检测到工件。

编制程序:根据控制要求和单机流程编写控制程序,实现对加盖拧盖单元的控制。

下载程序:将编制好的程序通过数据线下载到 PLC,进行设备运行调试,通过调试修改所编程序,最终完成工作单元控制要求程序。

在调试程序时,配合 GX Developer 编程软件,通过监视和所观察到的现象,修改控制功能,完善程序。在出现问题时,要及时采取保护措施,如切断气源、切断设备执行机构的控制回路信号等,以避免造成设备的损坏。

（三）与颗粒上料单元的联机调试

①连接颗粒上料单元 PLC 与加盖拧盖单元 PLC 上的 485BD 数据通信连接线。

②设定主站和从站,并用 PLC 编程软件(GX Developer V8)在首行编辑设置 N∶N 网络参数。

③根据任务要求设计、编辑各单元的相关程序。

④向 PLC 中输入编辑完成的程序,并进行试运行。

⑤认真观察运行现象,进行软件程序优化处理,排除运行故障或不符合运行要求的步骤。

注:联机运行操作步骤请参考相关单机运行步骤进行。

思考?

◇ 单机运行与联机运行有何不同? 你的思路是什么? 你是如何实施的?

(提示:N∶N 网络通信设置是为了解决什么?)

四、检查评估

该任务检查主要包括三个方面:控制程序编写、程序调试、安全操作。检查表格见表 2-12。

表 2-12　考核表

考核项目			配　分	扣　分	得　分
安全操作	违反安全操作要求	带电操作 违反安全操作规程 220 V/24 V 电源混淆	0	100	
	安全意识	运行中设备碰撞或者遗漏工具,残留杂物于工作台面上	10		
控制程序编写	设计控制方案 绘制工艺流程图	制订合理方案,单机/联机运行控制程序符合控制要求	10		
	编制控制流程图	主程序和启动、停止、复位子程序逻辑正确、编写流程图合理	10		
	编写控制程序	熟练操作软件,正确编写控制要求程序,编程指令熟练运用	20		

续表

考核项目		配 分	扣 分	得 分
程序调试	通电通气检测、调试节流阀和执行元件	接线正确、气路调试合理	10		
	传感器检测	位置正确、检测结果正确,调试或更换无损伤情况	10		
	程序传输	数据线连接正确,能正常下载程序至 PLC	5		
	程序调试	根据现象和故障修改控制程序,使其能按控制要求实现各项功能	25		
合计			100		

【自我测试】

一、实操题

要求:与颗粒上料单元完成 4 个瓶子的工作流程程序编写,要求每个瓶子到达加盖拧盖单元之间距离小于 20 cm,完成控制要求后所有单元设备停止,停止指示灯闪亮提示工作完成。

二、思考题

1. 你是按什么步骤安装该单元的机械部分?在安装过程中有返工现象吗?你觉得怎样的安装顺序最好?

2. 在编写 PLC 程序过程中,有什么困难?

3. 在通电前,你做了哪些检测?检测到什么故障?你的解决措施是什么?

项目三 检测单元组装调试

【项目描述】

熟悉检测单元结构和组成,坚持由简到难的原则,合理制订组装调试计划和程序编写计划。选择合适正确的工具和仪器,与小组成员协作分工进行检测单元的组装调试;根据控制任务的要求及在考虑安全、效率、工作可靠性的基础上,在计算机上进行检测单元 PLC 控制程序编制,下载 PLC 控制程序,完成检测单元的功能调试,并对组装调试进行综合评价。

图 3-1 是安装好的检测单元全貌。

图 3-1 检测单元

【项目要求】

知识目标:
- 熟悉机械、电气安装工艺规范和相应的国家标准;
- 掌握检测单元的组成和传感器参数设置;
- 熟悉工件检测方法;
- 掌握组装和测量工具的使用方法;
- 掌握检测单元整机运行调试方法;
- 掌握 N∶N 网络通信技术。

能力目标:
- 能够正确识读机械和电气工程图纸;
- 能够进行检测单元组件装调;
- 能正确连接气动回路和电气回路;
- 能够制订组装调试的技术方案、工作计划和检查表;
- 能够根据任务要求编写控制程序;
- 能进行检测单元运行调试与故障诊断维护;
- 能进行 N∶N 网络通信控制编写;
- 能够通过多种渠道获取相应信息。

情感目标:
- 能认同自己的工作岗位;
- 具备较强的工作责任心;
- 能较好地和他人沟通交流;

- 能积极参与团队合作；
- 能养成一丝不苟、严谨细致的工作态度,严格遵守自己的岗位职责；
- 具有一定的安全、节能、环保和质量意识。

【工作过程】

表 3-1　工作内容

工作过程		工作内容
收集信息	资讯	获取以下信息和知识： 检测单元的功能及结构组成、主要技术参数； 龙门检测原理；检测分拣单元结构等知识； 回归反射传感器检测机构、龙门检测机构、分拣机构的结构和工作原理； 检测分拣单元工作流程； 检测分拣单元安全操作规程
决策计划	决策	确定光电传感器的类型和数量； 确定光电传感器的安装方法； 确定检测分拣单元组装和测量工具； 确定检测分拣单元安装调试工序
	计划	根据技术图纸编制组装调试计划； 填写检测分拣单元组装调试所需组件、材料和工具清单
组织实施	实施	组装前对分拣汽缸、传感器、直流电机、PLC 等组件的外观、型号规格、数量、标志、技术文件资料进行检验； 根据图纸和设计要求,正确选定组装位置,进行 PLC 控制板各元件安装和电气回路的连接； 根据图纸,正确选定组装位置,进行传送机构、检测机构、分拣机构、分拣汽缸、传感器、I/O 的接线端口、气源处理组件、走线槽等的安装； 根据线标和设计图纸要求,完成检测分拣单元气动回路和电气控制回路连接； 进行传送机构、检测机构和分拣机构的调试以及整个单元调试和试运行； 同加盖拧盖单元进行联机调试
检查评估	检查	电气元件安装位置及接线是否正确,接线端接头处理是否符合工艺标准； 机械部件是否完好,组装位置是否恰当、正确； 传感器安装位置及接线是否正确； 单元功能检测； 同加盖拧盖单元联机检测
	评估	检测分拣单元组装调试各工序的实施情况； 检测分拣单元组装调试运行情况； 团队精神,协作配合默契度,分工情况； 工作反思

一、收集信息

(一)检测分拣单元介绍

1.检测内容

拧盖后的瓶子经过此单元进行检测,检测内容;

(1)回归反射传感器检测瓶盖是否拧紧;

(2)龙门机构检测瓶子内部颗粒是否符合要求;

(3)对拧盖与颗粒均合格的瓶子进行瓶盖颜色判别区分;

(4)拧盖或颗粒不合格的瓶子被分拣机构推送到废品皮带上(短皮带);

(5)拧盖与颗粒均合格的瓶子被输送到皮带末端,等待机器人搬运。

看一看、想一想?

◇ 如何将不合格瓶子准确输送到废品带上? 你的解决措施是什么?

◇ 龙门机构由哪些部位组成? 它的作用是什么?

2.检测分拣单元结构组成

单元结构如图 3-2 所示。检测分拣单元主要由输送机构、检测机构、分拣机构组成。输送机构由直流电动机驱动;瓶子的检测由光电传感器、龙门检测机构组成,分拣机构由汽缸和辅助传送带组成,进行检测、分拣;加工完成的工件再通过输送机构传送到下一个单元。

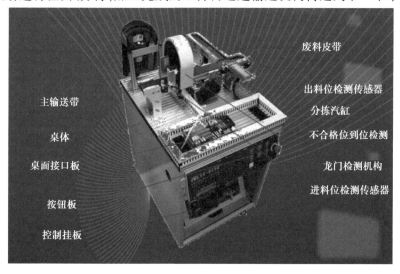

图 3-2 检测分拣单元结构

3.电气通信接口

控制原理图如图 3-3 所示。

检测分拣单元流程图如图 3-4 所示。

PLC I/O 功能分配表见表 3-2。

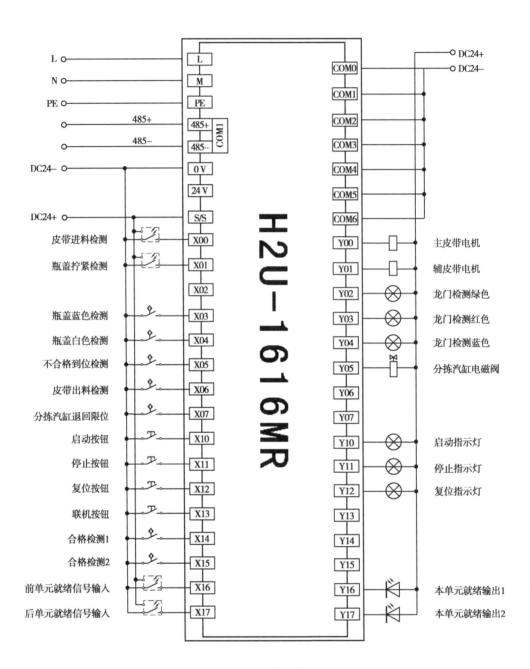

L

N

PE

485+

485–

DC24–

DC24+

皮带进料检测

瓶盖拧紧检测

瓶盖蓝色检测

瓶盖白色检测

不合格到位检测

皮带出料检测

分拣汽缸退回限位

启动按钮

停止按钮

复位按钮

联机按钮

合格检测1

合格检测2

前单元就绪信号输入

后单元就绪信号输入

L

M

PE

485+

485–

COM1

0 V

24 V

S/S

X00

X01

X02

X03

X04

X05

X06

X07

X10

X11

X12

X13

X14

X15

X16

X17

H2U-1616MR

COM0

COM1

COM2

COM3

COM4

COM5

COM6

Y00

Y01

Y02

Y03

Y04

Y05

Y06

Y07

Y10

Y11

Y12

Y13

Y14

Y15

Y16

Y17

DC24+

DC24–

主皮带电机

辅皮带电机

龙门检测绿色

龙门检测红色

龙门检测蓝色

分拣汽缸电磁阀

启动指示灯

停止指示灯

复位指示灯

本单元就绪输出1

本单元就绪输出2

图 3-3 检测分拣单元控制原理图

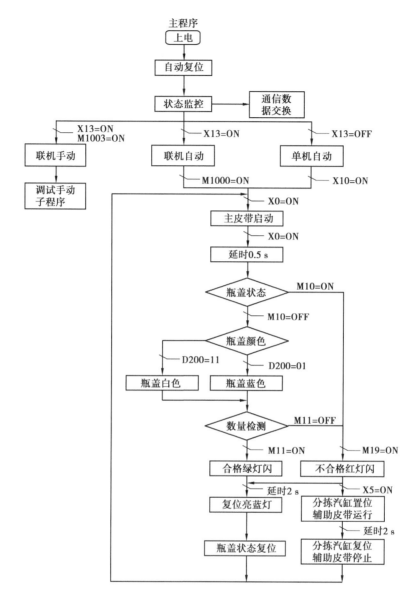

图 3-4 检测分拣单元流程图

表 3-2 PLC I/O 功能分配表

序号	名 称	功能描述	备 注
1	X00	进料检测传感器感应到物料, X00 闭合	
2	X01	旋紧检测传感器感应到瓶盖, X01 闭合	
3	X03	瓶盖颜色传感器感应到蓝色, X03 闭合	
4	X04	瓶盖颜色传感器感应到白色, X04 闭合	
5	X05	不合格到位传感器感应到物料, X05 闭合	

续表

序号	名称	功能描述	备注
6	X06	出料检测传感器感应到物料,X06 闭合	
7	X07	分拣汽缸退回限位感应,X07 闭合	
8	X10	按下启动按钮,X10 闭合	
9	X11	按下停止按钮,X11 闭合	
10	X12	按下复位按钮,X12 闭合	
11	X13	按下联机按钮,X13 闭合	
12	X14	合格检测 1	
13	X15	合格检测 2	
14	X16	前单元就绪信号输入,X16 闭合	
15	X17	后单元就绪信号输入,X17 闭合	
16	Y00	Y00 闭合,主皮带运行	
17	Y01	Y01 闭合,辅皮带运行	
18	Y02	Y02 闭合,龙门灯带绿灯点亮	
19	Y03	Y03 闭合,龙门灯带红灯点亮	
20	Y04	Y04 闭合,龙门灯带蓝灯点亮	
21	Y05	Y05 闭合,分拣汽缸伸出	
22	Y10	Y10 闭合,启动指示灯亮	
23	Y11	Y11 闭合,停止指示灯亮	
24	Y12	Y12 闭合,复位指示灯亮	
25	Y16	Y16 闭合,本单元就绪输出 1	
26	Y17	Y17 闭合,本单元就绪输出 2	

4. 接口板端子分配表

挂板接口板 CN261 端子分配表见表 3-3。

表 3-3 挂板接口板 CN261 端子分配表

接口板 CN261 地址	线 号	功能描述	备 注
1	X00	进料检测传感器	
2	X01	旋紧检测传感器	
4	X03	瓶盖蓝色检测传感器	
5	X04	瓶盖白色检测传感器	
6	X05	不合格到位检测传感器	
7	X06	出料检测传感器	
8	X07	分拣汽缸退回限位	
9	X14	合格检测 1	
10	X15	合格检测 2	
12	X16	前单元就绪信号输入	
13	X17	后单元就绪信号输入	
20	Y00	主皮带电机启停	
21	Y01	辅皮带电机启停	
22	Y02	龙门灯带亮绿色	
23	Y03	龙门灯带亮红色	
24	Y04	龙门灯带亮蓝色	
25	Y05	分拣汽缸电磁阀	
26	Y16	本单元就绪输出 1	
27	Y17	本单元就绪输出 2	
A	+24V	直流 24 V 正	
B	PS27 −	直流 24 V 负	
C	KA271:5	继电器常开触点	
D	KA271:14	继电器线圈	
E	X10	启动按钮	
F	X11	停止按钮	
G	X12	复位按钮	
H	X13	联机继电器	
I	Y10	启动指示灯	
J	Y11	停止指示灯	
K	Y12	复位指示灯	
L	PS27 +	24 V 电源正极	

桌面接口板 CN262 端子分配表见表 3-4。

表 3-4　桌面接口板 CN262 端子分配表

接口板 CN262 地址	线　号	功能描述	备　注
1	X00	进料检测传感器	
2	X01	旋紧检测传感器	
4	X03	瓶盖蓝色检测传感器	
5	X04	瓶盖白色检测传感器	
6	X05	不合格到位检测传感器	
7	X06	出料检测传感器	
8	X07	分拣汽缸退回限位	
9	X14	合格检测 1	
10	X15	合格检测 2	
12	X16	前单元就绪信号输入	
13	X17	后单元就绪信号输入	
20	Y00	主皮带电机启停	
21	Y01	辅皮带电机启停	
22	Y02	龙门灯带亮绿色	
23	Y03	龙门灯带亮红色	
24	Y04	龙门灯带亮蓝色	
25	Y05	分拣汽缸电磁阀	
26	Y16	本单元就绪输出 1	
27	Y17	本单元就绪输出 2	
38 – 45 与 56 – 63	PS27 +	24 V 电源正极	
46 – 55 与 64 – 73	PS27 -	24 V 电源负极	

(二)检测机构工作原理

1. 龙门检测机构

当物料瓶经过龙门桥时对其物料数量和瓶盖颜色进行检测,判断结果传给 PLC 进行处理并由状态指示灯根据处理结果显示不同颜色。光纤 A、B 是两对对射式光纤,通过检测瓶子里物料的高度判断物料的数量是否符合要求,安装时应保证在同一水平上,不能有错位。如果检测有失误,请根据情况调整相应的传感器。龙门桥顶部传感器对瓶盖颜色进行检测,判断结果传给 PLC 进行处理,状态指示灯根据不同结果显示不同颜色。龙门检测机构的具体结构如图

3-5 所示。

2. E3X-HD11 型光纤传感器

光纤传感器具有抗电磁干扰、传输距离远、使用寿命长、体积小、可工作于恶劣环境等优点。当探测器检测到物料时,动作状态灯会亮。E3X-HD11 光纤传感器的使用介绍如图 3-6 所示。

3. E3Z-R61 型瓶盖拧紧检测传感器

通过使用小号一字螺丝刀可以调整传感器极性和敏感度,本站要求:极性为 D,强度根据实际情况调节,然后

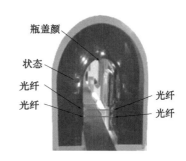

图 3-5　检测龙门机构

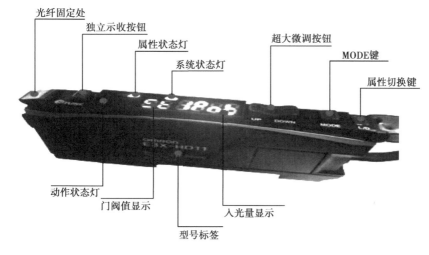

图 3-6　E3X-HD11 光纤传感器

调节传感器上下位置,要求安装比正常拧紧的灌装物料高 1 mm 左右,确保当拧紧瓶盖的物料瓶通过时未遮挡光路;未拧紧瓶盖的瓶子通过时能够遮挡传感器的反射光路并准确无误动作,输出信号,如图 3-7 所示。

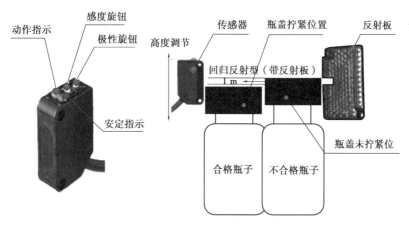

图 3-7　E3Z-R61 型拧紧检测传感器

4.检测分拣单元常见故障及解决方法

常见故障及解决方法见表3-5。

表3-5 故障及解决方法

代 码	故障现象	故障原因	解决方法
Er2701	皮带不转	PLC 输出点烧坏	更换
		接线不良	紧固
		程序出错	修改程序
		开关电源损坏	更换
		PLC 损坏	更换
		直流电机故障	修理或更换
Er2702	皮带反转	线路极性接反	更换线路极性
Er2703	按钮板指示灯不亮	接线错误	检查电路并重新接线
		程序错误	修改程序
		相应线路板损坏	更换
Er2704	龙门灯带不亮	PLC 输出点烧坏	更换
		接线错误	检查线路并更改
		程序出错	修改程序
		开关电源损坏	更换
		LED 灯带损坏	更换
Er2705	分拣汽缸不动作	PLC 输出点烧坏	更换
		接线接触不良	检查线路紧固
		磁性开关信号丢失	调整磁性开关位置
		开关电源损坏	更换
		电磁阀损坏	更换
		电磁阀接线错误	检查并更改
		无气压	打开气源或疏通气路
Er2706	传感器不检测	PLC 输入点烧坏	更换
		接线错误	检查线路并更改
		开关电源损坏	更换
		传感器设置不合适	调整位置和重设参数
		传感器损坏	更换

二、决策计划

表3-6 决策计划

调试过程需要遵守哪些规则	国家相应规范和政策法规、企业内部规定
需要准备的工具、仪器和材料	参见本教材相应内容
传送带、各种传感器、气管、汽缸、电磁阀等类型、数量和安装方法	参见本教材相应内容
采用的组织形式,人员分工	2到3人为一小组,对检测单元进行安装调试。小组之间对调试过程相互评价,指出工作中的优点和不足
安装调试内容,进度和时间安排	本组成员讨论决定
在安装和调试过程中,影响环保的因素有哪些? 如何解决	分析工作过程,查找相关网站

确定工作组织方式,划分工作阶段,分配工作任务,讨论安装调试工艺流程和工作计划,填写材料工具清单表。

安装调试各模块的工艺流程如下:

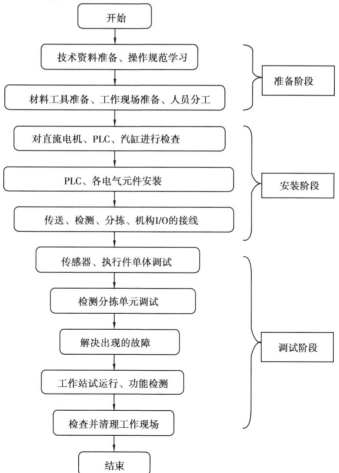

合理使用工具仪表,确定工作流程,分配工作任务,根据任务书组装调试工作单元,诊断排除检测单元调试故障。

三、组织实施

(一)上电前检查

①观察机构上各元件外表是否有明显移位、松动或损坏等现象;如果存在以上现象,及时调整、紧固或更换元件。

②对照接口板端子分配表或接线图检查桌面和挂板接线是否正确,尤其要检查 24V 电源,电气元件电源线等线路是否有短路、断路现象。设备初次组装调试时必须认真检查线路是否正确,接线错误容易造成设备元件损坏。

③接通气路,打开气源,手动控制电磁阀,确认各汽缸及传感器的原始状态。

(二)相关参数设置

①根据要求设置传感器极性和门阀值并调节光纤头位置。

②磁性开关调节,打开气源,待汽缸在初始位置时,移动磁性开关的位置,调整汽缸的后限位,确保前后限位在汽缸收回时能够准确感应到,并输出信号。

③按下手动控制按钮如"启动""停止""复位"来观察执行机构的工作情况,如直流电机转动情况、传送带工作情况、状态指示灯工作情况等;并根据具体情况判断机构是否正常。

(三)运行调整

设备自动运行后,观察在工作过程中物料的运行情况,依实际情况适度调整设备水平高度、传感器灵敏度、汽缸、机械结构等。

四、检查评估

该任务检查主要包括三个方面:安全操作、安装、调试,见表3-7。

表 3-7　考核表

	考核项目		配分	扣分	得分
安全操作	违反安全操作	违反安全操作规程 发生触电事故或被气动机构夹伤	0	60	
	安全意识	运行中设备碰撞或者遗漏工具,残留杂物于工作台面上	0	10	

续表

	考核项目		配分	扣分	得分
安装	传感器设置	传感器极性和门阀值设置正确	5		
	传感器探头位置	传感器探头位置调整正确	5		
	分拣传送机构调节	汽缸、直流电动机工作正常,传送机构工作正常	30		
	挂板接口板 CN261 端子接线	接线正确、线路整齐美观	20		
	桌面接口板 CN262 端子分配表	接线正确、线路整齐美观	20		
调试	运行调试	无碰撞、摩擦、漏气等情况,能符合控制要求完成工作流程	10		
	故障分析排除	根据现象找出故障并排除	10		
	合计		100		

【自我测试】

一、实操题

1. 调整传感器阀值,观察检测机构运行会有什么样的变化?

2. 调整检测瓶盖是否拧紧传感器探头位置,思考向上和向下调整之后,分别会出现什么后果?

二、思考题

1. 你在进行传感器设置过程中是否出现过问题?你是如何解决的?

2. 龙门检测机构由什么传感器组成,它们的功能是什么?

项目四　机器人单元运行调试

【项目描述】

本单元可以被 2 轴机器人单元或 4 轴机器人单元取代,但取代后功能不会完全一样;

AB 两个升降台存储包装盒和包装盒盖;

A 升降台将包装盒推向物料台上;

6 轴机器人将瓶子抓取放入物料台上的包装盒内;

包装盒 4 个工位放满瓶子后,6 轴机器人从 B 升降台上吸取盒盖,盖在包装盒上;

6 轴机器人根据瓶盖的颜色对盒盖上标签位进行分别贴标,贴完 4 个标签等待成品入仓,单元入库。

图 4-1 所示为机器人单元全貌。

【项目要求】

知识目标:

• 掌握机器人的结构组成和使用方法;

• 掌握机器人示教器各个按键的含义和使用方法;

• 掌握机器人运动轨迹调点的方法;

• 熟悉万用表、偏口钳、剥线钳、尖嘴钳等工具仪器的使用方法。

图 4-1　机器人单元

能力目标:

• 能够完成机器人与控制器、机器人与示教器、控制器与工作站 I/O 口、控制器与气动元件等的连接;

• 能够正确操作控制器各个按键,并能排除简单故障;

• 会使用示教器,完成对机器人的调点;

• 能够通过网络、期刊、专业书籍、技术手册等获取机器人相应信息。

情感目标:

• 具备较强的工作责任心;

• 能很好地和他人沟通交流;

• 能积极参与团队合作;

• 具有较强的节能、安全、环保和质量意识;

• 能养成良好的敬业精神和不断学习的进取精神;

• 能处理基本的人际关系参与团队合作,共同完成项目;

- 能意识到规范操作和安全操作的重要性;
- 能养成一丝不苟严谨细致的工作态度,严格遵守自己的岗位职责。

【工作过程】

表 4-1　工作内容

工作过程		工作内容
收集信息	资讯	获取以下信息和知识: 机器人单元的功能及结构组成、主要技术参数; 光电传感器、磁感应传感器的结构和工作原理; 机器人工作原理; 机器人单元工作流程; 机器人单元安全操作规程
决策计划	决策	确定光电传感器、磁感应传感器的类型和数量; 确定光电传感器、磁感应传感器的安装方法; 确定机器人单元组装和测量工具; 确定机器人单元安装调试工序
	计划	根据技术图纸编制组装调试计划; 填写加盖拧盖单元组装调试所需组件、材料和工具清单
组织实施	实施	组装前对推料汽缸、传感器、直流电机、PLC 等组件的外观、型号规格、数量、标志、技术文件资料进行检验; 根据图纸和设计要求,正确选定组装位置,进行 PLC 控制板各元件安装和电气回路的连接; 根据线标和设计图纸要求,完成加盖拧盖单元气动回路和电气控制回路连接
检查评估	检查	电气元件安装位置及接线是否正确,接线端接头处理是否符合工艺标准; 机械部件是否完好,组装位置是否恰当、正确; 传感器安装位置及接线是否正确; 单元功能检测; 同颗粒上料单元联机检测
	评估	机器人单元组装调试各工序的实施情况; 机器人单元组装调试运行情况; 团队精神,协作配合默契度,分工情况; 工作反思

一、收集信息

(一)机器人单元介绍

1.机器人单元的功能

机器人单元是通过机器人搬运物料到物料盒中,然后按任务要求依次贴标签在盒子外观上。

2.机器人单元结构组成

机器人单元结构主要由手操器、伺服系统、6 轴机器人组成,如图 4-1 所示。其中机器人由伺服驱动器控制,由两个真空压力开关 A、B 实现物料标签的拾取工作,一个机器手来拾取物料瓶。

看一看、想一想?

◇ 如何手动拾取物料瓶,你的解决措施是什么?

(二) 三菱 6 轴机器人编程软件的安装与使用

1.三菱 6 轴机器人编程软件的安装

(1)打开机器人软件文件夹找到"setup.exe"文件,如图 4-2 所示。

(2)双击".exe",稍等后弹出对话框,单击"Next"按钮,如图 4-3 所示。

(3)弹出对话框,先点选"I accept the terms of the license agreement",再单击"Next"按钮,如图 4-4 所示。

(4)弹出画面,再单击"Next"按钮,如图 4-5 所示,弹出如图 4-6 所示画面。

(5) 在机器人软件文件夹中找到"sn.txt"并双击,如图 4-7 所示。

图 4-2　安装文件

图 4-3　安装 1

图 4-4　安装 2

(6)把图 4-7 中的激活码复制到图 4-6 所示的方框中,再单击"Next"按钮,如图 4-8 所示。

(7)出现图 4-9 所示界面时,单击"是(Y)"按钮。

(8)出现图 4-10 所示画面,再单击"Next"按钮。

(9)出现图 4-11 所示画面,然后再出现图 4-12 所示画面,最后出现图 4-13 所示画面。

(10)单击"Finish"按钮,三菱 6 轴机器人的操作软件安装完成。

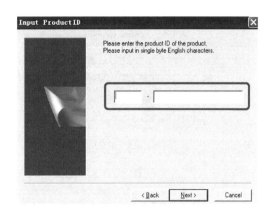

图 4-5　安装 3　　　　　　　　　　图 4-6　安装 4

图 4-7　sn 文件

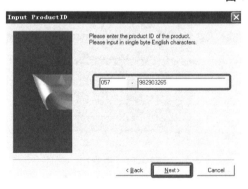

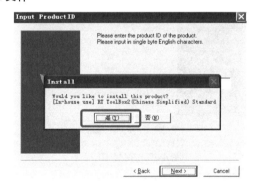

图 4-8　安装 5　　　　　　　　　　图 4-9　安装 6

(11)安装完成之后,桌面上显示 图标。

2.三菱 6 轴机器人编程软件的程序编写

(1)双击桌面上的 图标,打开如图 4-14 所示窗口。

(2)执行"工作区"的"新建"命令,如图 4-15 所示。

(3)弹出如图 4-16 所示对话框。

(4)单击"参照(B)"按钮设定新建文件的保存位置;"工作区名"设定新建文件的名字;

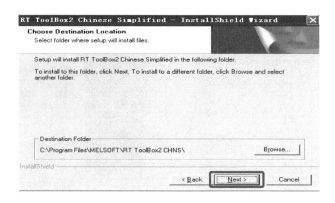

图 4-10　安装 7

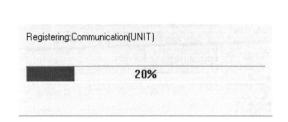

图 4-11　安装 8

图 4-12　安装 9

图 4-13　安装 10

图 4-14　主窗口

"标题"设定工程的名字,如图 4-17 所示。

(5)编辑完成之后单击"OK"按钮,出现图 4-18 所示画面。

(6)"工程名"设定新建的工程名字;"控制器"设定机器人控制器的类型;"通信设定"设定控制器与电脑的通信方式;"机种名"设定机器人本体;"机器人语言"设定机器人的编辑语言,进行如图 4-19 所示设定,再单击"OK"按钮,出现图 4-20 所示画面,工程新建完成。

(7)单击图 4-20 中离线前面的"＋",出现图 4-21 所示画面。

(8)右键单击"程序",选择"新建",如图 4-22 所示。

(9)弹出图 4-23 所示对话框,在"机器人程序"中编辑程序名字(程序名最好为小于 4 位的阿拉伯数字,因为机器人控制器的数码管只能显示 3 位阿拉伯数字的程序名,若机器人程序名不是阿拉伯数字或是大于 4 位的阿拉伯数字,则机器人控制器数码管无法显示),单击

图 4-15　单击"新建"

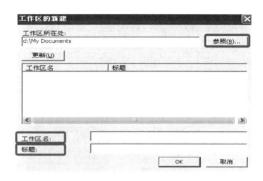

图 4-16　新建对话框

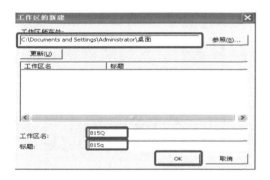

图 4-17　输入内容

图 4-18　"工程编辑"窗口

图 4-19　输入内容

图 4-20　新建完成

图 4-21　单击图标

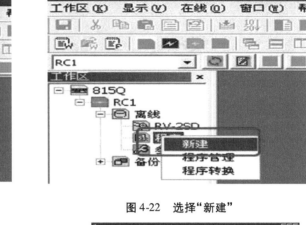

图 4-22　选择"新建"

图 4-23　"新机器人"对话框

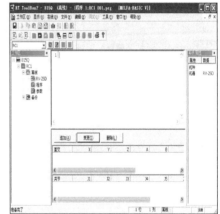

图 4-24　新建完成

"OK"按钮,弹出图 4-24 所示画面,新建完毕后就可以开始编辑程序。

（10）编辑完成之后单击"保存"按钮,如图 4-25 所示。

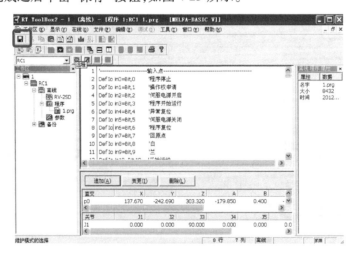

图 4-25　保存

3.三菱 6 轴机器人编程软件的程序下载

（1）用 USB 编程线把计算机与机器人控制器连接，如图 4-26 所示。

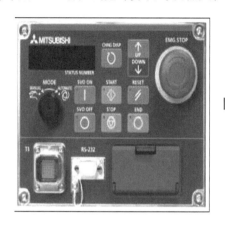

图 4-26 连接计算机与机器人控制器

（2）单击"在线"图标，如图 4-27 所示。

图 4-27 单击"在线"图标

（3）连接成功，软件工作区窗口会增加一个"在线"分支，如图 4-28 所示。

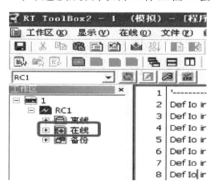

图 4-28 连接成功 图 4-29 选择"程序管理"

（4）单击"离线"前面的" + "，再选中"程序"，然后单击右键，选择"程序管理"，如图 4-29

所示。

（5）出现图 4-30 所示窗口，"传送源"表示要下载的文件，"传送目标"表示要下载到的位置。

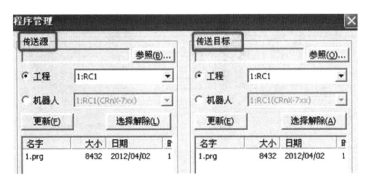

图 4-30　"程序管理"窗口

（6）程序的下载如图 4-31 所示，"传送源"选择工程，"传送目标"选择机器人，再选择要传送的程序，然后再单击"复制（Y）"按钮。若要上传则传送源选择"机器人"，传送目标选择"工程"，然后再点击"复制（Y）"按钮，如图 4-32 所示。

 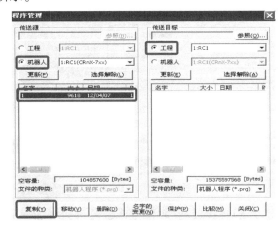

图 4-31　程序下载　　　　　　　　　　　　图 4-32　程序上传

（7）单击"复制（Y）"按钮后，弹出图 4-33 所示窗口，再单击"OK"按钮。

（8）程序开始复制，如图 4-34 所示。

 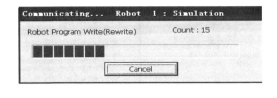

图 4-33　"复制的设定"窗口　　　　　　　　　　图 4-34　复制过程

（9）传送完成之后，单击"关闭（C）"按钮，如图4-35所示。

（10）当再打开"在线"里面的"程序"栏时，里面就会多了刚刚传送过去的程序，即表示传送成功，如图4-36所示。

图4-35 关闭窗口

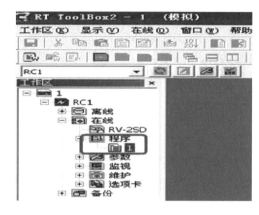

图4-36 传送成功

（三）三菱6轴机器人示教盒

1.三菱6轴机器人示教盒按键说明

以下介绍示教单元的各个部位，如图4-37所示。

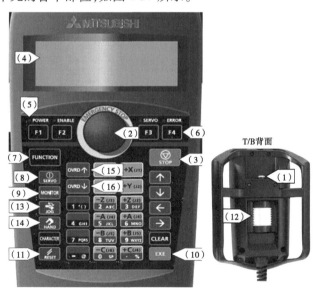

图4-37 示教盒

（1）示教单元 有效/无效（ENABLE/DISABLE）

是使示教单元的操作有效、无效（ENABLE/DISABLE）的选择开关。

（2）紧急停止（EMG. STOP）：使机器人立即停止的开关（断开伺服电源）。

（3）停止按钮（STOP）：使机器人减速停止。如果按压启动按钮，可以继续运行（未断开伺服电源）。

（4）显示盘：显示示教单元的操作状态。

（5）状态指示灯：显示示教单元及机器人的状态（POWER 电源、ENABLE 有效/无效、SERVO伺服状态、ERROW 有无错误）。

（6）"F1""F2""F3""F4"键：执行功能显示部分的功能。

（7）功能键（FUNCTION）：进行各菜单中的功能切换，可执行的功能显示在画面下方。

（8）伺服 ON 键（SERVO）：如果在握住有效开关的状态下按压此键，将进行机器人的伺服电源供给。

（9）监视键（MONITOR）：变为监视模式，显示监视菜单。如果再次按压，将返回至前一个画面。

（10）执行键（EXE）：确定输入操作。

（11）出错复位按钮（RESET）：对发生中的错误进行解除。

（12）有效开关：示教单元有效时，使机器人动作的情况下，在握住此开关的状态下，操作将有效（采用 3 位置开关）。

（13）手动模式：变为手动模式，显示监视菜单。如果再次按压，将返回至前一个画面。

（14）气爪：变为气爪模式，显示监视菜单。如果再次按压，将返回至前一个画面。

（15）提高移动速度：将提高移动速度。

（16）降低移动速度：将降低移动速度。

2. 三菱 6 轴机器人点示教

（1）将机器人控制器的 MODE 拨到"MANUAL"手动控制挡，如图 4-38 所示。

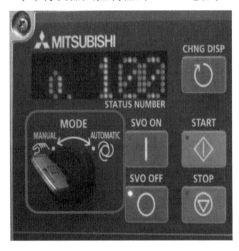

图 4-38　手动控制挡

图 4-39　"ENABLE"发光

（2）按下示教盒的"ENABLE"键，这时"ENABLE"会发出黄光，如 4-39 所示。

（3）按下示教盒的"EXE"键，进入"菜单"界面，如图 4-40 所示。

（4）再按一下"EXE"键进入"程序管理"界面，如图 4-41 所示。

（5）按"F2"进入"点位置"界面，如图 4-42 所示。若更改其他点，请按"F3"或"F4"来选择。

（6）按"JOG"键，进入手动控制画面，如图 4-43 所示。

说明：可以按"F1"键切换到"关节"模式。

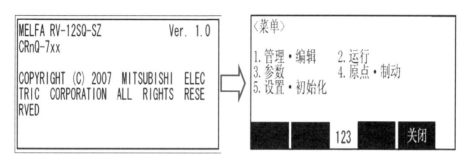

图4-40　"菜单"界面

图4-41　"程序管理"界面

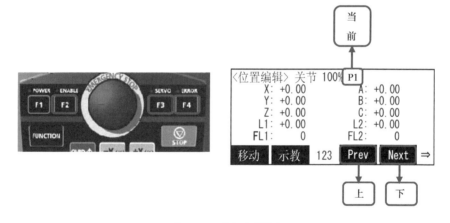

图4-42　"点位置"界面

（7）在一直按住示教盒背面的使能键情况下，按"SERVO"键，如图4-44所示。

说明：示教盒的使能键有3个开关位置为"0－1－0"，只有当为"1"的情况下，使能键是有效的，在默认的情况下为"0"；当轻按时，会发出一个较轻的"啦"的声音，此时为"1"使能键有效；当再用力按的时候，会发出一个比较大的"啦"声音，此时为"0"，使能键无效。

（8）当伺服电源的指示灯亮的时候，在手动界面中按" ＋X"" －X"" ＋Y"" －Y"" ＋Z"" －Z"" ＋A"" －A"" ＋B"" －B"" ＋C"" －C"使机器人移动到自己所需要的位置，如图4-45所示。

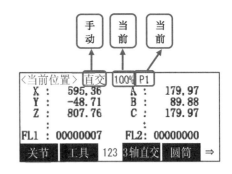

图4-43 "手动控制"界面

图4-44 按"SERVO"键

图4-45 移动操作

（9）当移动机器人到所需位置时，按"JOG"退出手动控制模式，回到"点位置"界面，如图4-46所示。

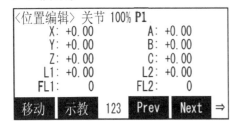

图4-46 返回"点位置"界面

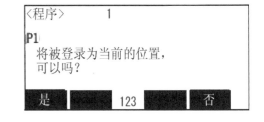

图4-47 点示教界面

（10）按"F2"进行点示教，弹出图4-47所示界面，按"F1"，这样P1点就示教成功。

（四）电气通信接口

1. 控制原理图

控制原理图如图4-48所示。

2. 单机流程图

单机流程图如图4-49所示。

3. PLC I/O 功能分配表

PLC I/O 功能分配表见表4-2。

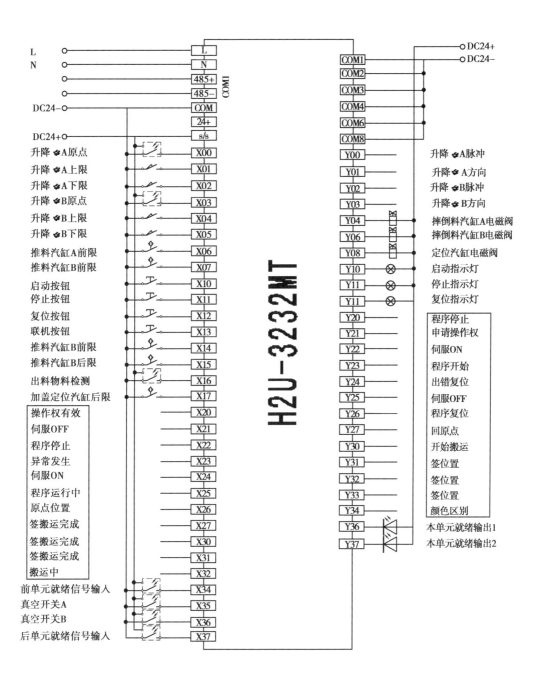

图 4-48　控制原理图

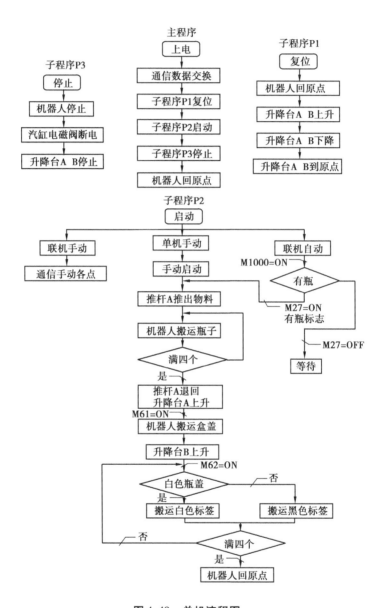

图 4-49 单机流程图

表 4-2 PLC I/O 功能分配表

序号	名 称	功能描述	备 注
1	X0	升降台 A 运动到原点, X0 闭合	
2	X1	升降台 A 碰撞上限, X1 闭合	
3	X2	升降台 A 碰撞下限, X2 闭合	
4	X3	升降台 B 运动到原点, X3 闭合	
5	X4	升降台 B 碰撞上限, X4 闭合	
6	X5	升降台 B 碰撞下限, X5 闭合	
7	X6	推料汽缸 A 伸出, X6 闭合	
8	X7	推料汽缸 A 缩回, X7 闭合	
9	X10	按下启动按钮, X10 闭合	
10	X11	按下停止按钮, X11 闭合	
11	X12	按下复位按钮, X12 闭合	
12	X13	按下联机按钮, X13 闭合	
13	X14	推料汽缸 B 伸出, X14 闭合	
14	X15	推料汽缸 B 缩回, X15 闭合	
15	X16	物料台有物料, X16 闭合	
16	X17	定位汽缸缩回, X17 闭合	
17	X20	机器人操作权有效 X20 闭合	机器人控制器
18	X21	机器人伺服 OFF , X21 闭合	
19	X22	机器人程序停止, X22 闭合	
20	X23	机器人异常发生, X23 闭合	
21	X24	机器人伺服 ON, 24 闭合	
22	X25	机器人程序运行中, X25 闭合	
23	X26	机器人原点, X26 闭合	
24	X27	机器人搬运瓶完成, X27 闭合	
25	X30	机器人搬运盖完成, X30 闭合	
26	X31	机器人搬运签完成, X31 闭合	
27	X32	机器人搬运中, X32 闭合	
28	X34	前单元就绪信号输入, X34 闭合	
29	X35	吸盘 A 有效, X35 闭合	

续表

序号	名　称	功能描述	备　注
30	X36	吸盘 B 有效,X36 闭合	
31	X37	后单元就绪输入,X37 闭合	
32	Y0	Y0 闭合 给升降台 A 发脉冲	
33	Y1	Y1 闭合 给升降台 B 发脉冲	
34	Y2	Y2 闭合 改变升降台 A 方向	
35	Y3	Y3 闭合 改变升降台 B 方向	
36	Y4	Y4 闭合 升降台汽缸 A 伸出	
37	Y5	Y5 闭合 升降台汽缸 B 伸出	
38	Y6	Y6 闭合 加盖定位汽缸伸出	
39	Y10	Y10 闭合 启动指示灯亮	
40	Y11	Y11 闭合 停止指示灯亮	
41	Y12	Y12 闭合 复位指示灯亮	
42	Y20	Y20 闭合 程序停止	机器人控制器
43	Y21	Y21 闭合 操作权申请	
44	Y22	Y22 闭合 伺服 ON	
45	Y23	Y23 闭合 程序开始	
46	Y24	Y24 闭合 出错复位	
47	Y25	Y25 闭合 伺服 OFF	
48	Y26	Y26 闭合 程序复位	
49	Y27	Y27 闭合 回原点	
50	Y30	Y30 闭合 机器人开始搬运	
51	Y31	Y31 闭合 机器人搬运瓶子	
52	Y32	Y32 闭合 机器人搬运盒盖	
53	Y33	Y33 闭合 机器人搬运标签	
54	Y34	Y34 闭合 标签选取白色	
55	Y36	Y36 闭合 本单元就绪输出 1	
56	Y37	Y37 闭合 本单元就绪输出 2	

4. 机器人 I/O 分配表

机器人控制器 I/O 表(PLC 的输出接机器人的输入;机器人的输出接 PLC 的输入)见表 4-3。

表 4-3 机器人控制器 I/O 表

序号	输 入		序号	输 出	
---	A 端 (机器人端)	B 端	---	A 端 (机器人端)	B 端
1	IN0	Y20	1	OUT0	X20
2	IN1	Y21	2	OUT1	X21
3	IN2	Y22	3	OUT2	X22
4	IN3	Y23	4	OUT3	X23
5	IN4	Y24	5	OUT4	X24
6	IN5	Y25	6	OUT5	X25
7	IN6	Y26	7	OUT6	X26
8	IN7	Y27	8	OUT7	X27
9	IN8	Y30	9	OUT8	X30
10	IN9	Y31	10	OUT9	X31
11	IN10	Y32	11	OUT10	X32
12	IN11	Y33	12	OUT11	X33
13	IN12	Y34	13	OUT12	X34
14	IN13		14	OUT13	气抓
15	IN14		15	OUT14	吸盘 A
16	IN15		16	OUT15	吸盘 B

5.接口板端子分配表

挂板接口板 CN281、CN284 端子分配表见表4-4。

表4-4 挂板接口板 CN281、CN284 端子分配表

CN281			CN284		
接口板 CN281 地址	线 号	备注	接口板 CN284 地址	线 号	备 注
1	X00	输入	1	X20	输入
2	X01		2	X21	
3	X02		3	X22	
4	X03		4	X23	
5	X04		5	X24	
6	X05		6	X25	
7	X06		7	X26	
8	X07		8	X27	
9	X14		9	X30	
10	X15		10	X31	
11	X16		11	X32	
12	Y17		12	X33	
20	Y00	输出	13	X34	
21	Y01		14	X35	
22	Y02		15	X36	
23	Y03		16	X37	
24	Y04		20	Y20	输出
25	Y05		21	Y21	
			22	Y22	
			23	Y23	
A	+24 V		24	Y24	
B	PS28 -		25	Y25	
C	KA281:5		26	Y26	
D	KA281:13		27	Y27	
E	X10	输入	28	Y30	
F	X11		29	Y31	
G	X12		30	Y32	
H	X13		31	Y33	
I	Y10	输出	32	Y34	
J	Y11		33	Y35	
K	Y12		34	Y36	
L	PS28 +		35	Y37	

桌面接口板 CN282、CN285 端子分配表见表 4-5。

表 4-5　桌面接口板 CN282、CN285 端子分配表

接口板 CN282 地址	线　号	功能描述	备　注
1	X00	升降台 A 原点原感器	输入
2	X01	升降台 A 上限位	
3	X02	升降台 A 下限位	
4	X03	升降台 B 原点原感器	
5	X04	升降台 B 上限位	
6	X05	升降台 B 下限位	
7	X06	推料汽缸 A 前限位	
8	X07	推料汽缸 A 后限位	
9	X14	推料汽缸 B 前限位	
10	X15	推料汽缸 B 后限位	
11	X16	物料台传感器	
12	X17	加盖定位汽缸后限	
20	Y00	升降台 A 脉冲	输出
21	Y01	升降台 B 脉冲	
22	Y02	升降台 A 方向	
23	Y03	升降台 B 方向	
24	Y04	升降台汽缸 A 控制	
25	Y05	升降台汽缸 B 控制	
26	Y06	加盖定位汽缸电磁阀	
38－45 与 56－63	PS28＋	直流 24 V 正	
46－55 与 64－73	PS28－	直流 24 V 负	

续表

接口板 CN285 地址	线　号	功能描述	备　注
1	X20	操作权有效	输入
2	X21	伺服 OFF	
3	X22	程序停止	
4	X23	异常发生	
5	X24	伺服 ON	
6	X25	程序运行中	
7	X26	原点位置	
8	X27	瓶搬运完成	
9	X30	盖搬运完成	
10	X31	签搬运完成	
11	X32	搬运中	
12	X33	预留	
13	X34	前单元就绪信号输入	
14	X35	真空开关 A	
15	X36	真空开关 B	
16	X37	后单元就绪信号输入	
20	Y20	程序停止	输出
21	Y21	操作权申请	
22	Y22	伺服 ON	
23	Y23	程序开始	
24	Y24	出错复位	
25	Y25	伺服 OFF	
26	Y26	程序复位	
27	Y27	回原点	
28	Y30	开始搬运	
29	Y31	瓶位置	
30	Y32	盖位置	
31	Y33	签位置	
32	Y34	颜色区别	
33	Y35	预留	
34	Y36	本单元就绪输出 1	
35	Y37	本单元就绪输出 2	

二、决策计划

表4-6　决策计划

安装调试过程中必须遵守哪些规定/规则	国家相应规范和政策法规、企业内部规定
需要准备的工具、仪器和材料	参见本教材相应内容
各种传感器、气管、汽缸、电磁阀等类型、数量和安装方法	参见本教材相应内容
采用的组织形式,人员分工	本组成员讨论决定
安装调试内容,进度和时间安排	本组成员讨论决定
机器人机构安装与调试工作流程	参见本教材相应内容
在安装和调试过程中,影响环保的因素有哪些?如何解决	分析查找相关网站

合理使用工具仪表,确认工作流程,分配工作任务,根据任务书调试工作单元仓位脉冲,完成工作流程。

三、组织实施

(一)调试准备

在调试设备前,应准备好调试设备的工具、技术资料、程序等,并合理执行工作流程。

技术资料:

(1)机器人单元气动图纸和电气图纸;

(2)机器人使用说明书;

(3)三菱6轴机器人编程软件;

(4)相关组件的技术资料。

(二)调试

(1)操作时应正确使用工具,不允许损坏工具及元器件,在更换接线时要求螺丝钉无松动的现象,并保持工作台面整洁。

(2)只有在关闭气源后,才可以拆除连接的气动回路。一般气动回路供气压力在0.4 ~ 0.5 MPa。

(3)观察工作单元上各元件是否有明显松动或损坏等现象,及时调整或更换元件。

(4)依据接口板端子分配表检查接线是否正确,有无漏接或损坏情况。

(5)打开气源,调节气动元件至合理无碰撞的情况。再打开电源,调节各传感器的检测情况。

(6)调试完成后,运行程序,检测调试结果。

四、检查评估

该任务检查主要包括3个方面:安全操作、参数设置、运行情况。检查表格见表4-7。

表4-7 考核表

考核项目			配分	扣分	得分
安全操作	违反安全操作要求	带电操作 违反安全操作规程 220 V/24 V电源混淆	0	100	
	安全意识	运行中设备碰撞或者遗漏工具,残留杂物于工作台面上	10		
参数设置	依据动作流程整改试教点参数	熟悉工作流程,制订详细方案,设置合理参数	30		
运行情况	通电通气检测、调试节流阀和执行元件	接线正确、气路调试合理	10		
	传感器检测	位置正确、检测结果正确,调试或更换无损伤情况	10		
	入盒情况	无碰撞、摩擦、漏气等情况,能符合要求准确入盒	10		
	故障分析排除	根据现象找出故障并排除	30		
合计			100		

【自我测试】

一、实操题

要求:用手操器完成手动拾取物料瓶并放入物料盒中,在运行中无碰撞等情况。

二、思考题

1. 你在修改参数过程中是否出现过问题? 你是如何解决的?

2. 在调试运行中,机器人限位传感器是否发生报警? 显示的是什么? 你是如何解决的?

3. 在通电前你做了哪些检测? 检测到什么故障? 你的解决措施是什么?

项目五　立体仓库单元调试

【项目描述】

熟悉立体仓库单元结构和组成,坚持由简到难的原则,合理制订组装调试计划和程序编写计划。选择合适正确的工具和仪器,与小组成员协作分工进行立体仓库单元的组装调试;根据控制任务的要求及在考虑安全、效率、工作可靠性的基础上,进行立体仓库单元伺服参数和脉冲数调试,并对调试后的系统功能进行综合评价。

图 5-1 是安装好的立体仓库单元全貌。

图 5-1　立体仓库单元

【项目要求】

知识目标:

●能描述立体仓库单元的组成与工作过程;

●能理解机械、电气安装工艺规范和相应的国家标准;

●能理解伺服控制器的作用和接线方法;

●能描述立体仓库单元整机运行调试;

●能理解 N∶N 网络通信技术。

技能目标:

●能正确识读机械和电气工程图纸;

●能制订调试的技术方案、工作计划和检查表;

●能进行伺服控制器参数设置;

●能根据任务要求编写控制程序;

●能进行立体仓库单元运行调试与故障诊断维护;

●能进行 N∶N 网络通信控制编写;

●能通过多种渠道获取相应信息。

情感目标:

●能养成良好的敬业精神和不断学习的进取精神;

●能处理基本的人际关系参与团队合作,共同完成项目;

●能意识到规范操作和安全操作的重要性;

●能养成一丝不苟严谨细致的工作态度,严格遵守自己的岗位职责;

●具有一定的安全、节能、环保和质量意识。

【工作过程】

表 5-1　工作内容

工作过程		工作内容
收集信息	资讯	获取以下信息和知识： 立体仓库单元的功能及结构组成、主要技术参数； 光电传感器、行程开关的结构和工作原理； 伺服驱动器的工作原理和接线方法； 立体仓库单元工作流程； 立体仓库单元安全操作规程
决策计划	决策	确定光电传感器、行程开关的类型和数量； 确定光电传感器、行程开关、压力开关、伺服电机及伺服驱动器的类型和安装方法； 确定立体仓库单元安装和调试的专业工具及结构组件； 确定立体仓库单元调试伺服参数和脉冲数的步骤
	计划	根据技术图纸编制组装调试计划； 填写立体仓库单元调试所需组件、材料和工具清单
组织实施	实施	组装前对伺服驱动器、传感器、伺服电机、PLC 等组件的外观、型号规格、数量、标志、技术文件资料进行检验； 根据图纸和设计要求，正确选定组装位置，进行 PLC 控制板各元件安装和电气回路的连接； 根据线标和设计图纸要求，完成立体仓库单元气动回路和电气控制回路连接； 参照 MR-E-A 手册进行伺服驱动器参数设置，根据具体生产任务书完成仓库仓位脉冲数调试； 进行磁感应式传感器、行程开关、光电式传感器、气动磁性开关和压力开关等组件的调试以及整个工作站调试和试运行； 同机器人单元联机调试与触摸屏脉冲数调试
检查评估	检查	电气元件安装位置及接线是否正确，接线端接头处理是否符合工艺标准； 机械部件是否完好，组装位置是否恰当、正确； 传感器安装位置及接线是否正确； 工作站功能检测； 触摸屏检测和同机器人单元联机调试
	评估	立体仓库单元组装调试各工序的实施情况； 立体仓库盖单元运行情况； 团队精神，协作配合默契度，分工情况； 工作反思

一、收集信息

（一）立体仓库单元介绍

1. 立体仓库单元的功能

立体仓库单元是把机器人搬运单元物料台上以包装好的物料盒吸取出来，然后按任务要求依次放入弧形立体仓库中的相应仓位。

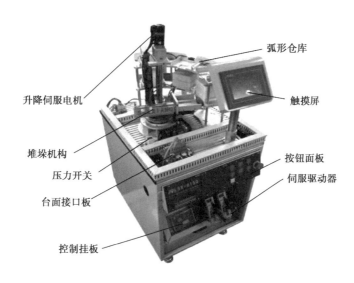

图 5-2　立体仓库单元结构

2. 立体仓库单元结构组成

立体仓库单元结构主要由堆垛机构、压力开关、两层弧形仓库组成，如图5-2所示。其中，升降方向和旋转方向是由伺服驱动器控制，两个方向分别装有行程开关和多个磁感应式传感器。两个真空压力开关 A、B 实现物料盒的拾取工作，通过脉冲参数设置将拾取的物料盒放置到弧形仓库中相应的仓位上，其中仓库每层有 3 个仓位，共两层用来存放。

看一看、想一想

◇ 如何修改仓位的顺序而不影响工作流程？你的解决措施是什么？

◇ 当堆垛机构在运行中突然断电或者伺服驱动器报警，你看到的现象是什么？解决措施有哪些？

（二）伺服驱动器

1. 概述

伺服驱动器又称为"伺服控制器""伺服放大器"，是用来控制伺服电机的一种控制器，其作用类似于变频器作用于普通交流马达，属于伺服系统的一部分，主要应用于高精度的定位系统，其控制模式有位置控制、速度控制和转矩控制三种。

（1）位置控制：伺服中最常用的控制，位置控制模式一般是通过外部输入脉冲的频率来确定转动的大小，通过脉冲的个数来确定转动的角度，所以一般应用于定位装置。

（2）速度控制：通过模拟量的输入或脉冲的频率对转动速度的控制，还具有用于速度指令的加减速时间常速设定功能、停止时的伺服锁定功能。

（3）转矩控制：通过外部模拟量的输入或直接地址的赋值，来设定伺服电机对外输出转矩的大小，具有速度限制功能，可以防止无负载时电机速度过高，主要应用于需要严格控制转矩的场合。

2. 工作原理

目前主流的伺服驱动器均采用数字信号处理器（DSP）控制核心，可以实现比较复杂的控制算法，实现数字化、网络化和智能化。功率器件普遍采用以智能功率模块（IPM）为核心设计的驱动电路，IPM内部集成了驱动电路，同时具有过电压、过电流、过热、欠压等故障检测保护电路，在主回路中还加入软启动电路，以减小启动过程对驱动器的冲击。功率驱动单元首先通过三相全桥整流电路对输入的三相电或者市电进行整流，得到相应的直流电。经过整流好的三相电或市电，再通过三相正弦 PWM 电压型逆变器变频来驱动三相永磁式同步交流伺服电机。功率驱动单元的整个过程简单来说就是 AC-DC-AC 的过程。整流单元（AC-DC）主要的拓扑电路是三相全桥不控整流电路。

3. 型号的构成

（1）额定值铭牌如图 5-3 所示。

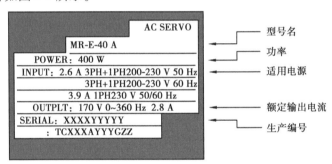

图 5-3　铭牌

（2）型号名如图 5-4 所示。

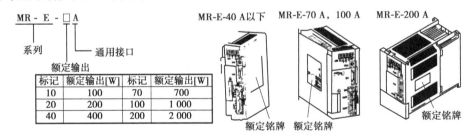

图 5-4　型号

（3）伺服放大器 MR-E-10A ~ MR-E-70A 的电压/频率为三相 AC200 ~ 230 V，50 ~ 60 Hz 或者单相交流 50 ~ 60 Hz。允许的电压波动为三相 AC200 ~ 230 V：170 至 253 V，单相交流 230 V：207 至 253 V。采取的方式为正弦波 PWM 控制，电流控制系统。有过电流断路，再生过电断路、编码器出错保护、欠电压、瞬时失电保护、过速保护等保护功能。

（4）各部分名称如图5-5所示。

（5）伺服电机用作执行元件,分直流和交流伺服电动机两大类。三菱伺服电机属于永磁同步电机,伺服电机的输出转矩与电流成正比,其从低速到高速都可以以恒定转矩来运转。

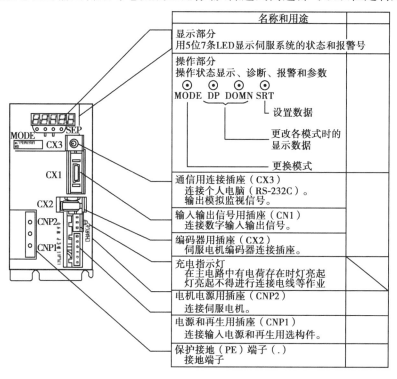

名称和用途	
显示部分 用5位7条LED显示伺服系统的状态和报警号	
操作部分 操作状态显示、诊断、报警和参数 ⊙　⊙　⊙　⊙ MODE　DP　DOMN　SRT ├ 设置数据 更改各模式时的 显示数据 更换模式	
通信用连接插座（CX3） 连接个人电脑（RS-232C）。 输出模拟监视信号。	
输入输出信号用插座（CN1） 连接数字输入输出信号。	
编码器用插座（CX2） 伺服电机编码器连接插座。	
充电指示灯 在主电路中有电荷存在时灯亮起 灯亮起不得进行连接电线等作业	
电机电源用插座（CNP2） 连接伺服电机。	
电源和再生用插座（CNP1） 连接输入电源和再生用构件。	
保护接地（PE）端子（.） 接地端子	

图5-5　各部分名称

思考?

◇ 伺服驱动器的三种控制模式中哪种模式响应性最快?

◇ 伺服电机与普通三相异步电机的区别?

4.有关参数

（1）位置比例增益

①设定位置环调节器的比例增益。

②设置值越大,增益越高,刚度越大,相同频率指令脉冲条件下,位置滞后量越小。但数值太大可能会引起振荡或超调。

③参数数值由具体的伺服系统型号和负载情况确定。

（2）位置前馈增益

①设定位置环的前馈增益。

②设定值越大时,表示在任何频率的指令脉冲下,位置滞后量越小。

③位置环的前馈增益大,控制系统的高速响应特性提高,但会使系统的位置不稳定,容易产生振荡。

④不需要很高的响应特性时,本参数通常设为0,表示范围:0～100%。

（3）速度比例增益

①设定速度调节器的比例增益。

②设置值越大，增益越高，刚度越大。参数数值根据具体的伺服驱动系统型号和负载值情况确定。一般情况下，负载惯量越大，设定值越大。

③在系统不产生振荡的条件下，尽量设定较大的值。

（4）速度积分时间常数

①设定速度调节器的积分时间常数。

②设置值越小，积分速度越快。参数数值根据具体的伺服驱动系统型号和负载情况确定。一般情况下，负载惯量越大，设定值越大。

③在系统不产生振荡的条件下，尽量设定较小的值。

（5）速度反馈滤波因子

①设定速度反馈低通滤波器特性。

②数值越大，截止频率越低，电机产生的噪声越小。如果负载惯量很大，可以适当减小设定值。数值太大，造成响应变慢，可能会引起振荡。

③数值越小，截止频率越高，速度反馈响应越快。如果需要较高的速度响应，可以适当减小设定值。

（6）最大输出转矩设置

①设置伺服电机的内部转矩限制值。

②设置值是额定转矩的百分比。

③任何时候，这个限制都有效定位完成范围。

④设定位置控制方式下定位完成脉冲范围。

⑤本参数提供了位置控制方式下驱动器判断是否完成定位的依据，当位置偏差计数器内的剩余脉冲数小于或等于本参数设定值时，驱动器认为定位已完成，到位开关信号为 ON，否则为 OFF。

⑥在位置控制方式时，输出位置定位完成信号，加减速时间常数。

⑦设置值是表示电机从 0 ~ 2 000 r/min 的加速时间或从 2 000 ~ 0 r/min 的减速时间。

⑧在位置控制方式下，不用此参数，且与旋转方向无关。

⑨在非位置控制方式下，如果电机速度超过本设定值，则速度到达开关信号为 ON，否则为 OFF。

5. 伺服系统的调试

本单元伺服启动器型号为 MR-E-10A-KH003 和 HF-KN-13J-S100，共两套伺服系统，实现其左右旋转和上下移动的运动模式，工作电源为单相230VAC，如图 5-6 所示。

（1）基本参数

NO. 0 ~ 19（可设置和变更）、扩展 NO. 20 ~ NO. 49（不能设置和变更）。需要进行增益调整时，可变更参数 NO. 19，对扩展参数进行操作。

（2）参数设置步骤

按 MODE 进入参数设置画面（显示参数号，如 P 00）→（按下 UP/DOWN 号码发生变化）→按 2 次 SET，指定参数号的设定值（0000）闪烁→按 2 次 UP 闪烁，可更改设定值（0002 –

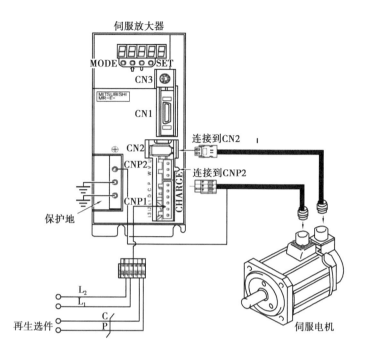

图 5-6　伺服驱动器

速度控制模式）→（用 UP 和 DOWN 更改参数号）→按"SET"确认。在更改设置值后先切断电源，然后再接通。

参数修改见表 5-2。（注：P 表示位置控制模式）

表 5-2　参数介绍

器件	参数号	出厂值	设定值	功能介绍
上下移动	P3	20	150	电子齿轮分子（指令脉冲倍率分子）
	P4	1	1	电子齿轮分母（指令脉冲倍率分子）
	P19	0000	000C	参数写入禁止
	P21	0000	0001	功能选择 3（指令脉冲选择）
	P22	0000	0000	极限停止方式
	P41	0000	0001	输入信号自动 ON 选择
左右旋转	P3	20	120	电子齿轮分子（指令脉冲倍率分子）
	P4	1	1	电子齿轮分母（指令脉冲倍率分子）
	P19	0000	000C	参数写入禁止
	P21	0000	0001	功能选择 3（指令脉冲选择）
	P22	0000	0000	极限停止方式
	P41	0000	0001	输入信号自动 ON 选择

注：伺服放大器其他参数设置的详细说明参考三菱的《MR-E-A 伺服放大器使用手册》第 4 章。

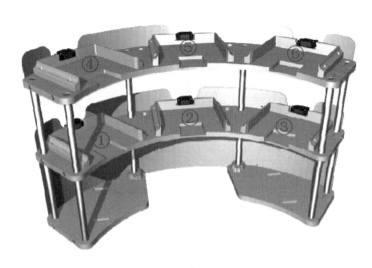

图 5-7　仓位排列

6.仓位脉冲调试

仓位排列如图 5-7 所示。

仓位脉冲数对应参考值见表 5-3。

表 5-3　参考值

仓位号	旋转脉冲	垂直脉冲
吸取处	34 500	1 500
1#仓位	20 000	1 500
2#仓位	27 000	
3#仓位	33 800	
4#仓位	20 000	36 000
5#仓位	27 000	
6#仓位	33 800	

注:此表脉冲数仅供参考,需根据实际情况进行增减调整。

通过 USB 数据线与触摸屏建立连接,然后在触摸屏 MCGS 组态软件用户窗口新建"参数设置"调试画面。包括:立体仓库仓位检测传感器显示、仓位脉冲数输入框、返回主画面按钮。通过在输入框设置参数值,来完成本单元的取料、存料时仓位的选取,设置完成后在控制面板上操作按钮,运行程序,微调设置的参数值,达到理想状态,如图 5-8 所示。

(三)电气通信接口

1.控制原理图

控制原理图如图 5-9 所示。

2.单机流程

(1)单机流程图如图 5-10 所示。

(2)PLC I/O 功能分配表见表 5-4。

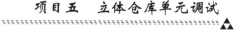

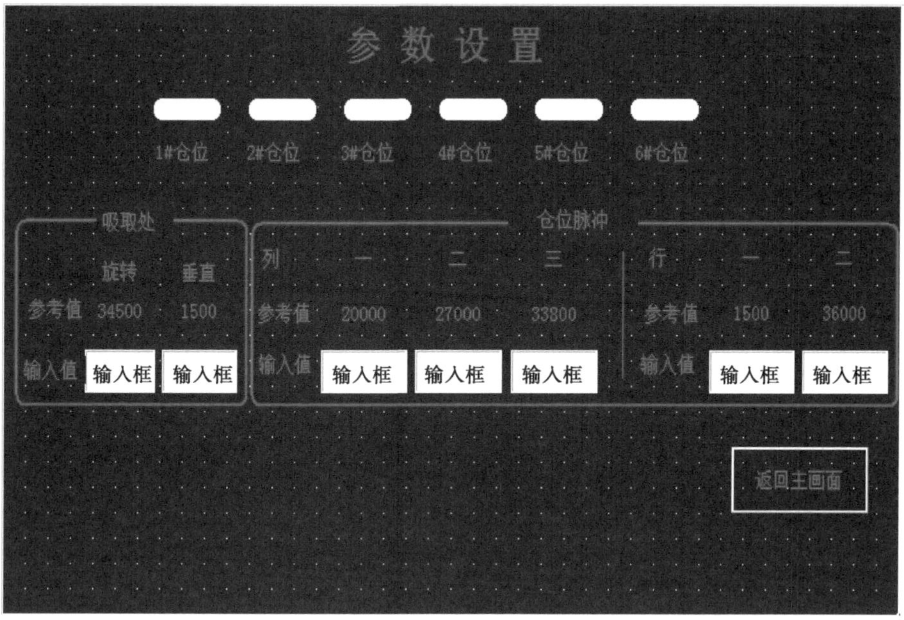

图 5-8 参数设置

表 5-4 PLC I/O 功能分配表

序 号	名 称	功能描述	备 注
1	X00	升降方向原点传感器感应到位,X00 闭合	
2	X01	旋转方向原点传感器感应到位,X01 闭合	
3	X02	仓位 1 检测传感器感应到物料,X02 闭合	
4	X03	仓位 2 检测传感器感应到物料,X03 闭合	
5	X04	仓位 3 检测传感器感应到物料,X04 闭合	
6	X05	仓位 4 检测传感器感应到物料,X05 闭合	
7	X06	仓位 5 检测传感器感应到物料,X06 闭合	
8	X07	仓位 6 检测传感器感应到物料,X07 闭合	
9	X10	按下启动按钮,X10 闭合	
10	X11	按下停止按钮,X11 闭合	
11	X12	按下复位按钮,X12 闭合	
12	X13	按下联机按钮,X13 闭合	
13	X14	拾取汽缸前限感应到位,X14 闭合	

续表

序　号	名　称	功能描述	备　注
14	X15	拾取汽缸后限感应到位,X15 闭合	
15	X16	升降方向上极限感应到位,X16 闭合	
16	X17	升降方向下极限感应到位,X17 闭合	
17	X20	旋转方向右极限感应到位,X20 闭合	
18	X21	旋转方向左极限感应到位,X21 闭合	
19	X22	真空压力开关 A 输出为 ON 时,X22 闭合	
20	X23	真空压力开关 B 输出为 ON 时,X23 闭合	
21	X26	前单元就绪信号输入,X26 闭合	
22	X27	后单元就绪信号输入,X27 闭合	
23	Y00	Y00 闭合,升降方向电机旋转	
24	Y01	Y01 闭合,旋转方向电机旋转	
25	Y03	Y03 闭合,升降方向电机反转	
26	Y04	Y04 闭合,旋转方向电机反转	
27	Y05	Y05 闭合,拾取吸盘电磁阀 A 启动	
28	Y06	Y06 闭合,拾取吸盘电磁阀 B 启动	
29	Y07	Y07 闭合,拾取汽缸电磁阀启动	
30	Y10	Y10 闭合,启动指示灯亮	
31	Y11	Y11 闭合,停止指示灯亮	
32	Y12	Y12 闭合,复位指示灯亮	
33	Y16	Y16 闭合,本单元就绪信号 1 输出	
34	Y17	Y17 闭合,本单元就绪信号 2 输出	

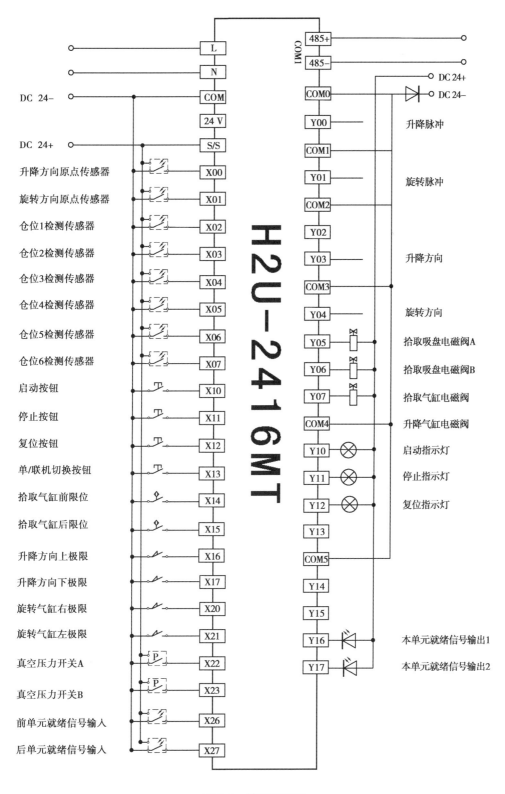

图 5-9　控制原理图

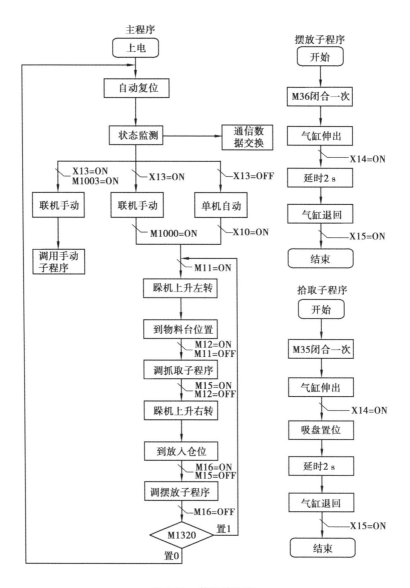

图 5-10 单机流程图

3. 接口板端子分配表

（1）挂板接口板 CN71 端子分配表见表 5-5。

表 5-5 挂板接口板 CN71 端子分配表

接口板 CN71 地址	线　号	功能描述	备　注
1	X00	升降方向原点传感器	
2	X01	旋转方向原点传感器	
3	X02	仓位 1 检测传感器	
4	X03	仓位 2 检测传感器	
5	X04	仓位 3 检测传感器	

续表

接口板 CN71 地址	线　号	功能描述	备　注
6	X05	仓位 4 检测传感器	
7	X06	仓位 5 检测传感器	
8	X07	仓位 6 检测传感器	
10	X14	拾取汽缸前限	
11	X16	升降方向上极限	
12	X17	升降方向下极限	
13	X20	旋转方向右极限	
14	X21	旋转方向左极限	
15	X22	真空压力开关 A	
16	X23	真空压力开关 B	
17	X27	后单元就绪信号输入	
18	X26	前单元就绪信号输入	
20	Y05	拾取吸盘电磁阀 A	
21	Y06	拾取吸盘电磁阀 B	
22	Y07	拾取汽缸电磁阀	
23	Y16	本单元就绪信号输出 1	
24	Y17	本单元就绪信号输出 2	
A	01	直流 24 V 正	
B	PS7 −	直流 24 V 负	
C	03	继电器常开触点	
D	04	继电器线圈	
E	X10	启动按钮	
F	X11	停止按钮	
G	X12	复位按钮	
H	X13	单/联机按钮	
I	Y10	启动指示灯	
J	Y11	停止指示灯	
K	Y12	复位指示灯	
L	PS7 +	继电器常开触点	24 V + 可切断

（2）桌面接口板 CN72 端子分配表见表 5-6。

表 5-6　桌面接口板 CN72 端子分配表

接口板 CN72 地址	线　号	功能描述	备　注
1	X00	升降方向原点传感器	
2	X01	旋转方向原点传感器	
3	X02	仓位 1 检测传感器	
4	X03	仓位 2 检测传感器	
5	X04	仓位 3 检测传感器	
6	X05	仓位 4 检测传感器	
7	X06	仓位 5 检测传感器	
8	X07	仓位 6 检测传感器	
10	X14	拾取汽缸前限	
11	X16	升降方向上极限	
12	X17	升降方向下极限	
13	X20	旋转方向右极限	
14	X21	旋转方向左极限	
15	X22	真空压力开关 A	
16	X23	真空压力开关 B	
17	X27	后单元就绪信号输入	
18	X26	前单元就绪信号输入	
20	Y05	拾取吸盘电磁阀 A	
21	Y06	拾取吸盘电磁阀 B	
22	Y07	拾取汽缸电磁阀	
23	Y16	本单元就绪信号输出 1	
24	Y17	本单元就绪信号输出 2	
38 - 45 与 56 - 63	PS7 +	直流 24 V 正	
46 - 55 与 64 - 73	PS7 -	直流 24 V 负	

二、决策计划

表 5-7　决策计划

安装调试过程中必须遵守哪些规定/规则	国家相应规范和政策法规、企业内部规定
需要准备的工具、仪器和材料	参见本教材相应内容
各种传感器、气管、汽缸、电磁阀等类型、数量和安装方法	参见本教材相应内容
采用的组织形式,人员分工	本组成员讨论决定
安装调试内容,进度和时间安排	本组成员讨论决定
立体仓库单元安装与调试工作流程	参见本教材相应内容
在安装和调试过程中,影响环保的因素有哪些?如何解决	分析查找相关网站

合理使用工具仪表,确认工作流程,分配工作任务,根据任务书调试工作单元仓位脉冲,完成工作流程。

三、组织实施

1. 调试准备

在调试设备前,应准备好调试设备的工具、技术资料、程序等,并合理执行工作流程。

技术资料:

(1)立体仓库单元气动图纸和电气图纸;

(2)伺服驱动器使用说明书;

(3)MCGS 软件使用手册;

(4)相关组件的技术资料。

2. 调试

(1)操作时应正确使用工具,不允许损坏工具及元器件,在更换接线时要求螺丝钉无松动的现象,并保持工作台面整洁。

(2)只有在关闭气源后,才可以拆除连接的气动回路。一般气动回路供气压力在 0.4 ~ 0.5 MPa。

(3)观察工作单元上各元件是否有明显松动或损坏等现象,如有,及时调整或更换元件。

(4)依据接口板端子分配表检查接线是否正确,有无漏接或损坏情况。

(5)打开气源,调节气动元件至合理无碰撞的情况。再打开电源,调节各传感器的检测情况。

(6)下载程序,根据任务要求在触摸屏上调节各仓位脉冲参数和修正伺服驱动器参数。

(7)调试完成后,运行程序,检测调试结果。

四、检查评估

该任务检查主要包括三个方面:安全操作、参数设置、运行情况。检查表格见表 5-6。

表 5-8　考核表

考核项目			配分	扣分	得分
安全操作	违反安全操作要求	带电操作 违反安全操作规程 220 V/24 V 电源混淆	0	100	
	安全意识	运行中设备碰撞或者遗漏工具,残留杂物于工作台面上	10		
参数设置	依据动作流程整改伺服驱动器参数	熟悉工作流程,制订详细方案,设置合理参数	15		
	仓位脉冲调试	脉冲调试合理,操作规范,运行流畅,能准确进入相应仓位	15		
运行情况	通电通气检测、调试节流阀和执行元件	接线正确、气路调试合理	10		
	传感器检测	位置正确、检测结果正确,调试或更换无损伤情况	10		
	入仓情况	无碰撞、摩擦、漏气等情况,能符合要求准确入仓	20		
	故障分析排除	根据现象找出故障并排除	20		
合　计			100		

【自我测试】

一、实操题

要求:在触摸屏上调整弧形仓库中仓位脉冲,与机器人单元完成其工作流程。其控制要求按先 4/5/6 然后早 1/2/3 的仓位入库,要求在运行中无碰撞等情况。

二、思考题

1. 你在修改参数过程中是否出现过问题? 你是如何解决的?

2. 在调试运行中,伺服驱动器是否发生报警? 显示的是什么? 你是如何解决的?

3. 触摸屏与 PLC 建立通信时顺利吗? 出现过什么问题? 你是怎么处理的?

4. 在通电前你做了哪些检测? 检测到什么故障? 你的解决措施是什么?

项目六　整机调试

【项目描述】

熟悉各个工作单元结构和组成,合理制订安装调试计划、程序编写计划及触摸屏画面制作计划,选择合适的工具和仪器,与小组成员合作分工进行整机设备的运行调式;根据控制任务的要求及在考虑安全、效率、工作可靠性的基础上,在计算机上进行各个单元 PLC 控制程序编制、MCGS 触摸屏控制画面的制作,下载 PLC 控制程序和触摸屏,完成整机设备功能调试以及联机调试故障诊断和排除,并对触摸屏制作画面进行综合评价。

图 6-1 是组装好的 SX-815Q MPS 工作站设备全貌。

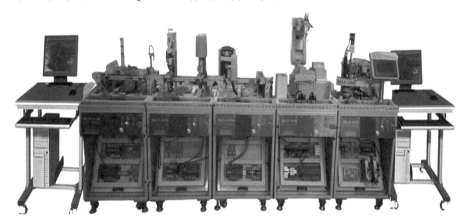

图 6-1　SX-815Q

【项目要求】

知识目标:

• 能理解机械、电气安装工艺规范和相应的国家标准;

• 能认识 5 个单元 I/O 端子和接线方法;

• 能理解传感器的工作原理和安装调试方法;

• 能理解气动回路、电气回路和整机调试方法;

• 能理解组装和测量工具的使用方法;

• 能设计联机程序的编制和调试方法;

• 能了解 MCGS 触摸屏相关知识。

技能目标:

• 能进行联机控制 I/O 地址的分配;

- 能编写整机组装调试工作方案和 PLC 控制程序；
- 能根据任务要求编辑 MCGS 触摸屏界面，正确进行触摸屏与 PLC 的通信设置；
- 能进行 N:N 网络通信控制编写；
- 能够通过多种渠道获取相应信息。

情感目标：

- 能遵守职业操作规范；
- 能养成按规范操作的习惯；
- 能树立相互协作的团队意识；
- 能树立安全、节能、环保和质量的意识。

【工作过程】

一、收集信息

（一）MCGS 组态软件介绍

1. 概述

MCGS 是一套基于 Windows 平台的，用于快速构造和生成上位机监控系统的组态软件系统。

MCGS 为用户提供了解决实际工程问题的完整方案和开发平台，能够完成对现场数据采集、实时和历史数据处理、报警和安全机制、流程控制、动画显示、趋势曲线和报表输出以及企业监控网络等功能。

MCGS 具有操作简单、可视性好、可维护行强、高性能、高可靠性等突出特点，已成功应用于钢铁行业、石油化工、水处理、电力系统、环境监测、机械制造、交通运输、农业自动化、能源原材料、航天航空等领域。

2. 组态软件的特点

（1）延续性和可扩充性

当现场（包括硬件设备或系统结构）或用户需求发生改变时，不需要作很多修改，而方便完成软件的更新与升级。

（2）封装性（易学易用）

通用组态软件所能完成的功能都用一种方便用户使用的方法包装起来，不需要掌握太多的编程语言技术（甚至于不需要编程技术）就能完成一个复杂功能所要求的功能。

（3）通用性

根据工程实际情况，利用通用组态软件提供的设备（PLC、变频器、智能仪器仪表、智能模块）的 I/O 端口、开放式数据库和画面制作工具，就能完成一个具有实时数据处理、动画效果、历史数据和曲线并存、具有多媒体功能和网络功能的工程。

3. 组态软件系统结构

（1）MCGS 组态软件的整体结构

MCGS 组态软件（简称 MCGS）包括"组态环境"和"运行环境"两个部分。两部分互相独立，又紧密相关，如图 6-2 所示。

图 6-2　组态软件的两个部分

组态环境:相当于一套完整的工具软件,帮助用户设计和构造自己的应用系统。其是生产用户应用系统的工作环境。

运行环境:它是一个独立的运行系统,按照组态环境中构造的组态工程,以用户指定的方式进行各种处理,完成用户组态设计的目标和功能。其是用户应用系统的运行环境。

(2)用户应用系统

由 MCGS 生成的用户应用系统,其结构由主控窗口、设备窗口、用户窗口、实时数据库和运行策略 5 个部分构成,如图 6-3 所示。

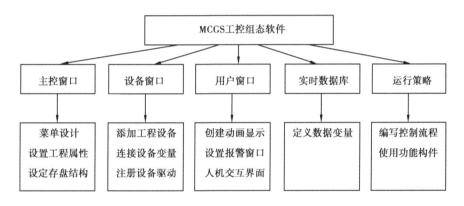

图 6-3

主控窗口:是工程的主窗口,可放置一个设备窗口和多个用户窗口,负责管理和调度窗口的打开或关闭。其组态操作包括定义工程名称、编制工程菜单、设计封面图形、确定自动启动的窗口、设定动画刷新周期、指定数据库存盘文件名称及存盘时间等。

设备窗口:是连接和驱动外部设备的工作环境。在本窗口中可配置数据采集与控制输出设备,注册设备驱动程序,定义连接与驱动设备用得数据变量。

用户窗口:主要用于工程中人机显示或操作界面。如动画显示、报警输出、数据与曲线图表等。

实时数据库:是工程各个部分的数据交换与处理中心,在此窗口内定义不同类型和名称的变量,作为数据采集、处理、输出控制、动画连接及设备驱动的对象。

运行策略:主要完成工程运行流程控制。其包括编写控制程序(IF…THEN 脚本程序)、选用各种功能构件。如定时器、多媒体输出、配分操作、数据提取、历史曲线等。

4. MCGS 组态软件的工作方式

(1)通信

MCGS 通过设备驱动程序与外部设备进行数据交换。其包括数据采集和发送设备指令。设备驱动程序是由 VB、VC 程序设计语言编写的 DLL(动态连接库)文件,其中包含符合各种设备通信协议处理程序,将设备运行状态的特征数据采集进来或发送出去。而 MCGS 负责在运行环境中调用相应的设备驱动程序,将数据传送到工程中各个部分,完成整个系统的通信过程。每个驱动程序独占一个线程,达到互不干扰的目的。

(2)动画效果

MCGS 提供图库,并为每一种基本图形元素定义了不同的动画属性。如:一个长方形的动画属性有可见度,大小变化,水平移动等,而每一种动画属性都会产生一定的动画效果。

所谓动画属性,实际上是反映图形大小、颜色、位置、可见度、闪烁性等状态的特征参数。

我们在组态环境中生成的画面都是静止的,图形的每一种动画属性中都有一个"表达式"设定栏,在该栏中设定一个与图形状态相联系的数据变量,连接到实时数据库中,以此建立相应的对应关系,MCGS 称之为动画连接。

(3)工程运行流程

MCGS 开辟了专用的"运行策略"窗口,建立用户运行策略。

MCGS 提供了丰富的功能构件,供用户选用,通过构件配置和属性设置两项组态操作,生成各种功能模块(称为"用户策略"),使系统能够按照设定的顺序和条件,操作实时数据库,实现对动画窗口的任意切换,控制系统的运行流程和设备的工作状态。

所有的操作均采用面向对象的直观方式,避免了烦琐的编程工作。

(4)远程多机监控

MCGS 提供了一套完整的网络机制,可通过 TCP/IP、Modem 网和串口网将多台计算机连接在一起,构成分布式网络监控系统,实现网络间的实时数据同步、历史数据同步和网络事件的快速传递。还可利用 MCGS 提供的网络功能,在工作站上直接对服务器中的数据库进行读写操作。分布式网络监控系统的每一台计算机都要安装一套 MCGS 工控组态软件,把各种网络形式以父设备构件和子设备构件的形式,供用户调用,并进行工作状态、端口号、工作站地址等属性参数的设置。

(5)报警显示与报警数据

MCGS 是把报警处理作为数据对象的属性,封装在数据对象内,由实时数据库来自动处理。当数据对象的值或状态发生改变时,实时数据库判断对应的数据对象是否发生了报警或者已经产生的报警是否结束,并且把所产生的报警信息通知给系统的其他部分,同时,尝试把数据库根据用户的组态设定,把报警信息存入指定的存盘数据库文件中。

(6)报表输出

对数据采集进行存盘,统计分析,根据实际情况打印出数据报表。

(7)曲线显示

根据大量的数据信息,绘制曲线,分析曲线变化趋势并从中发现数据变化规律,是工控系统中非常重要的部分。

(8)安全机制

MCGS 组态软件提供了一套完善的安全机制,用户能够自由组态控制菜单、按钮和退出系统的操作权限,只允许有操作权限的操作员才能对某些功能进行操作。其中,还提供了工程密码、锁定软件狗、工程运行期限等功能。

(二)触摸屏软件(MCGS)的使用

1.软件的安装

(1)将光盘放入计算机光驱中,在"我的电脑"中打开光盘,选择文件夹"MCGS",如图6-4所示。

图6-4 文件夹"MCGS"

图6-5 安装界面

(2)双击运行文件夹中的可安装文件 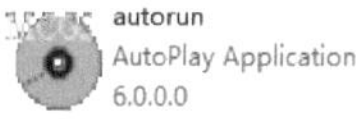 autorun AutoPlay Application 6.0.0.0,将弹出安装界面,如图6-5所示。

(3)在程序安装窗口中单击"安装组态软件"按钮,弹出对话窗口,单击"下一步"按钮。如图6-6所示。

图6-6 安装1

图6-7 安装2

(4)按照提示步骤操作,选择默认安装到 D:\MCGSE 目录下,或者通过"浏览"按钮更改安装路径,之后单击"下一步"按钮,如图6-7所示。

(5)MCGS 嵌入版主程序安装完成后,继续安装设备驱动,在对话框中选择"是",如图6-8所示。

(6)在图6-9中将"所有驱动"前打"√",即让灰色的"√"变成黑色的,否则驱动程序安装不上,之后单击"下一步"按钮进行安装。

(7)安装完成后,弹出系统对话框提示安装完成,单击"确认"按钮,重新启动计算机,如图6-10所示。

(8)安装完成后,Windows 操作系统桌面上出现如图6-11所示两个快捷方式图标,表示安装成功。

图 6-8　安装 3

图 6-9　安装 4

图 6-10　安装 5

图 6-11　安装完成

2. 创建一个新工程

（1）双击计算机桌面上的组态环境快捷方式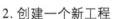，可打开组态软件。

（2）单击菜单中"新建工程"选项，弹出"新建工程设置"对话框，TPC 类型选择"TPC7062K"单击"确认"按钮，如图 6-12 所示。

图 6-12　"新建工程设置"对话框

图 6-13　USB 通信线

（3）如果 MCGS 安装在 D 盘，则会在 D：\MCGSE\Work\下自动生成新建工程"X. MCG"，保存修改新建工程名，选择菜单中的"工程另存为"，弹出文件保存窗口，输入新工程名，单击"保存"按钮，完成工程修改。

3. 设备通信

普通 USB 通信线如图 6-13 所示。一端为扁平接口，插到计算机的 USB 口，一端为微型接口，插到触摸屏编程口，如图 6-14 所示。

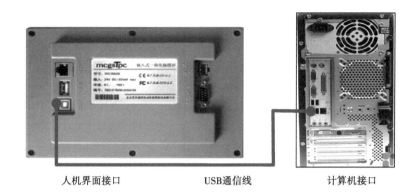

人机界面接口　　　　　　USB通信线　　　　　　计算机接口

图 6-14　USB 通信线的连接

4. 工程组态

（1）在工作台中，鼠标双击"设备窗口"进入组态画面，单击工具条中的✗打开"设备工具箱"窗口，在该窗口中按先后顺序双击"通信串口父设备"和"三菱_FX 系列编程口"添加至组态画面。提示是否使用"三菱_FX 系列编程口"驱动的默认参数设置串口父设备参数，选择"是"，如图 6-15 所示。

图 6-15　设置串口父设备参数

（2）双击"设备 0"弹出"设备编程窗口"，选择 CPU 类型和通道设置，见图 6-16 所示。所有操作完成后单击"确认"按钮，关闭设备窗口，返回工作台。

（3）在工作台用户窗口，单击"新建窗口"→建立画面"窗口 0"→接下来再单击"窗口属性"弹出"用户窗口属性设置"对话框→修改窗口名称，单击"确认"和"保存"→最后单击"动画组态"进入控制画面，如图 6-17 所示。

（4）建立基本元件。

按钮：单击工具条中✗打开"工具箱"，选中"标准按钮"构件，在窗口编辑处按住鼠标左键，拖出一定大小之后，松开鼠标左键，一个按钮构件就绘制于窗口画面中，如图 6-18 所示。接下来再双击该按钮打开"按钮属性设置"对话框，在基本属性页将"文本"修改为"Y0"，单击

图 6-16　设置 CPU 类型和通道

图 6-17　窗口设置

"确认"按钮保存,如图 6-19 所示。

图 6-18　绘制按钮

图 6-19　按钮属性设置

　　按照同样的步骤分别绘制两个按钮,文本修改为"Y1"和"Y2",完成后如图 6-20 所示。接下来按住 Ctrl 键,单击鼠标左键,选中 3 个按钮,使用工具栏中的左(右)对齐、等高宽和纵向等间距进行排列对齐,如图 6-21 所示。

　　指示灯:单击工具箱中的"插入元件",打开"对象元件库管理"对话框,选择图形对象库的其中一种指示灯,单击"确认"按钮添加至画面中并调整大小,用同样的方法再添加两个指示灯,摆放在按钮旁并进行排列对齐,如图 6-22 所示。

　　标签和输入框:单击工具箱中的"标签"构件,按住鼠标左键,拖出一定大小的"标签",双击该标签弹出"标签动画组态属性设置"对话框,在扩展属性页"文本内容输入"中输入"D0",

图 6-20 再绘制两个按钮

图 6-21 排列按钮

图 6-22 绘制指示灯

图 6-23

单击"确认"按钮。接下来在单击工具箱中的"输入框"构件,按同样的方法拖出一定大小的"输入框"摆放在"D0"标签旁并进行排列对齐,如图6-23所示。

报警滚动条:单击工具箱中的 **LED** 构件,按住鼠标左键,拖出一定大小的报警滚动条,双击弹出"走马灯报警属性设置"对话框,可以在"颜色"中改变其背景色,其余默认不变。

(5)建立数据链接。

按钮:双击 Y0 按钮,弹出"标准按钮构件属性设置"对话框,在操作属性页,默认"抬起功能",勾选"数据对象值操作",选择"按 1 松 0"或"取反"操作,如图6-24所示。

图 6-24 设置按钮属性

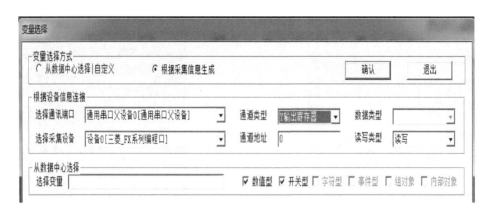

图 6-25　设置变量

单击 ? 弹出"变量选择"对话框,选择"根据采集信息生成",通道类型选择"Y 输出寄存器",通道地址为"0",其他默认不变,设置完成后单击"确认"按钮,如图 6-25 所示。

即 Y0 按钮在抬起时,对三菱 FX 的 Y0 地址为"0",然而在按下时为"1",如图 6-26 所示。按照同样的方法,分别对"Y1"和"Y2"按钮设置,通道地址分别为"1"和"2",其余不变。

指示灯:双击指示灯元件,弹出"单元属性设置"对话框,在数据对象页,单击 ? 选择数据对象"设备 0_读写 Y0000",如图 6-27 所示。

图 6-26　设置完成

图 6-27　选择数据对象

图 6-28　设置输入框

用同样的方法设置其他两个指示灯,分别连接变量"设备 0_读写 Y0001"和"设备 0_读写 Y0002"。

输入框:双击输入框元件,弹出"输入框构件属性设置"对话框,在操作属性页,单击 ? 图标进行变量选择,选择"根据采集信息生成",通道类型选择"D 数据寄存器",通道地址为"0",其余默认不变,单击"确认"按钮保存,如图 6-28 所示。

报警滚动条:双击报警滚动条元件,弹出"走马灯报警属性设置"对话框,单击 `?` 进行变量选择,选择"根据采集信息生成",通道类型选择"M辅助寄存器",通道地址为"0",其余默认不变,单击"确认"按钮保存,如图6-29所示。

图6-29　设置报警滚动条　　　　　　　　图6-30　连接设备

在工作台选择"实时数据库"找到"设备0_读写M0000",弹出"数据对象属性设置"对话框,首先在报警属性页勾选"允许进行报警处理",然后在报警设置中勾选"开关量报警",在报警注释中输入要报警显示的内容(例如:瓶盖用完,请及时添加!),修改报警值为"1",最后单击"确认"按钮保存,如图6-30所示。

5. 离线模拟

单击工具条中的下载按钮，弹出"下载配置"对话框。当计算机与触摸屏无USB线连接时,先单击"模拟运行"按钮,然后单击"工程下载"按钮,最后单击"启动运行"按钮,完成离线模拟,如图6-31所示。

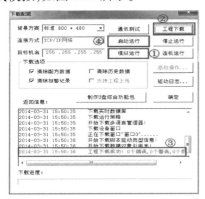

图6-31　离线模拟　　　　　　　　　图6-32　工程下载

6. 工程下载

当计算机与触摸屏建立连接后,在菜单栏中选择"工具"→"下载配置"→单击"连机运行"→连接方式选择"USB通信"→可在下载选项勾选"支持工程上传"(注:此选项如不选,则所下载工程将无法被重新读取上传)→然后再单击"通信测试"→最后单击"工程下载",下载成功后单击"确定"按钮,如图6-32所示。

7.运行效果

如图6-33所示是"TPC7062K"控制三菱FX系列PLC的运行离线效果图。PLC的"Y输出寄存器"Y0、Y1、Y2的指示灯跟随按钮的操作而发生变化,输入框可以预设数值,报警滚动条文字滚动报警信息。

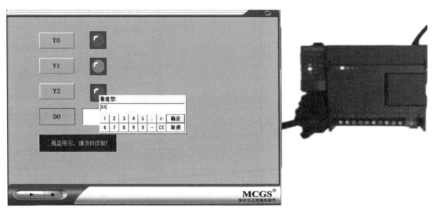

图6-33 离线运行

8.工程上传

当计算机与触摸屏建立连接后,且在下载工程前选择了"支持工程上传"选项,才允许工程可以被上传,在没有建立工程项目的情况下,可以单击菜单栏"文件"→选择"上传工程"→选择连接方式为"USB通信"→接着单击 ... 选择工程文件的上传路径→勾选"上传完成后自动打开工程"→单击"开始上传"→完成工程上传后自动打开,请注意保存所上传的工程,如图6-34所示。

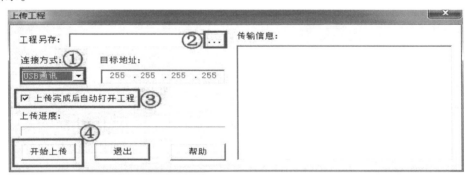

图6-34 工程上传

9.触摸屏与PLC的连接

SC-09数据线:将此线分别连接到触摸屏与PLC上,如图6-35所示。

分别将触摸屏和PLC程序下载之后即可实现相互之间的通信。

(三)系统联机调试

1.电源控制盒使用

电源控制盒主要用于给设备各个工作单元提供电源及必要的保护、提示功能。30 mA的

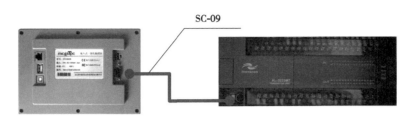

图 6-35 SC-09 **数据线连接**

漏电保护模块提高了设备用电的安全性(注:接线时必须先断开电源进线,确认无电情况下才允许后续操作),如图 6-36 所示。

在线路无误的情况下,将"重载连接器"插入电源箱上,引进电源。

在"电源输出区"引出电源线至各个工作单元上,连接好航空插头。

打开交流电源,"三相电源指示灯"亮;再开启"控制开关",电源盒停止灯亮;最后单击"启动按钮",给各个工作单元设备通电。

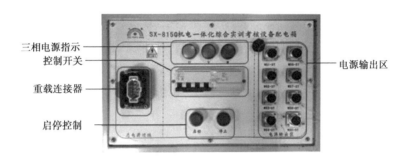

图 6-36 **电源盒**

思考?

◇ 当输入交流电电源正常,三相电源指示灯亮,但无法启动,故障原因是什么? 你的解决措施有哪些?

2. 数字流量开关调试

数字流量开关的型号采用 PF2A710-01-27,通过设置参数,选择设定模型及方法。

(1)表示部分

表示部分和安装方法如图 6-37 所示。

LED 表示器:表示流量值、单位、错误代码、设定模式状态。

按钮(UP)/按钮(DOWN):增加/减少设定值。

按钮(SET):变更模式和确定设定值。

输出(OUT1)表示(绿)/输出(OUT2)表示(红):在 ON 时对应输出亮灯,而在发生电流过大错误时闪烁。

复位:同时按压▲UP 和▼ DOWN 按钮,执行复位功能。

(2)流量开关设定(默认选择累计流量开关)

按住 SET 按钮 2 秒以上,显示屏显示为 $\boxed{d\_\Box}$,按▲UP 按钮,选择表示流量($\boxed{d\_I}$为瞬间流

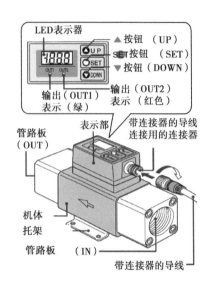

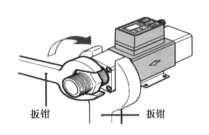

图 6-37　表示部分和安装方法

量，$\boxed{d\_2}$为累计流量），按 SET 按钮确认。

（3）设定输出方法

先设定输出（OUT1）：按 ▲ UP 按钮来选择（$\boxed{o\_10}$为瞬间开关，$\boxed{o\_11}$为累计开关，$\boxed{o\_12}$为累计脉冲），按 SET 按钮确认。

再设定输出（OUT2）：按 ▲ UP 按钮来选择（$\boxed{o20}$为瞬间开关，$\boxed{o21}$为累计开关，$\boxed{o22}$为累计脉冲），按 SET 按钮确认。

（4）输出模式

先设定输出（OUT1）：按 ▲ UP 按钮来选择（$\boxed{1\_n}$为反转输出模式，$\boxed{1\_P}$为非反转输出模式），按 SET 按钮确认。

再设定输出（OUT2）：按 ▲ UP 按钮来选择（$\boxed{2\_n}$为反转输出模式，$\boxed{2\_P}$为非反转输出模式），按 SET 按钮确认。

3. 压力开关调试

（1）设定顺序

通电→测量模式→零点校正→功能设定→测量模式。

（2）零点校正

第一次使用时，通电且不加气压时，若显示值不为零，同时按住 $\boxed{▲}$ 和 $\boxed{▼}$ 1 秒以上，显示值归零。

（3）功能设定

测量模式下按 $\boxed{S}$ 键 2 秒以上，进入"功能设定"模式，显示屏显示为 [F□□]。按 $\boxed{▲}$ 和 $\boxed{▼}$ 键选择功能后按 $\boxed{S}$ 键进入功能设置，如图 6-38 所示。

部分功能列表：（项目/出厂设置）

F1：OUT1 规格设定	迟滞模式，常开
F2：OUT2 规格设定	迟滞模式，常开
F3：响应时间设定	2.5 ms

F1-OUT1 输出规格设定：可设置其输出类别（迟滞型/比较型）和输出模式（常开/常闭），（注：F1/F2 出产设置为迟滞模式、常开）如图 6-39 所示。

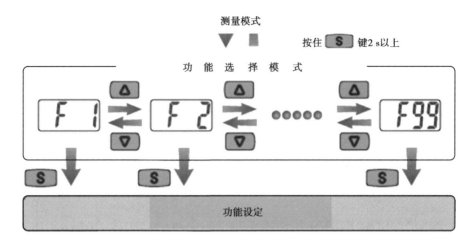

图 6-38 功能设定

在功能选择模式下按 △ 和 ▽ 至显示[F1],然后按 S 键进入 OUT1 规格设定:

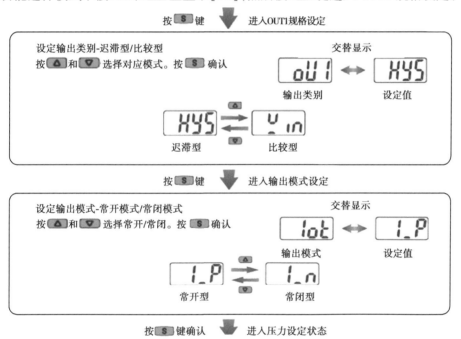

图 6-39 输出规格设定

压力设定状态:注:[P_1]为迟滞型常开输出模式时显示,迟滞型常闭输出模式时屏幕显示为[n_1];比较型常开输出模式时显示(P1L,P1H),比较型常闭输出模式时屏幕显示为(n1L,n1H),如图 6-40 所示。

在压力设定状态下,[P_1]和设定值在显示屏上交替显示" P_1 ↔ 50 ",按 △ 和 ▽ 可更改设定值,调好设定值后按 S 键确认,进入迟滞设定。

在迟滞设定,按 △ 和 ▽ 可更改设定迟滞值,按 S 键确认,进入显示颜色设定。

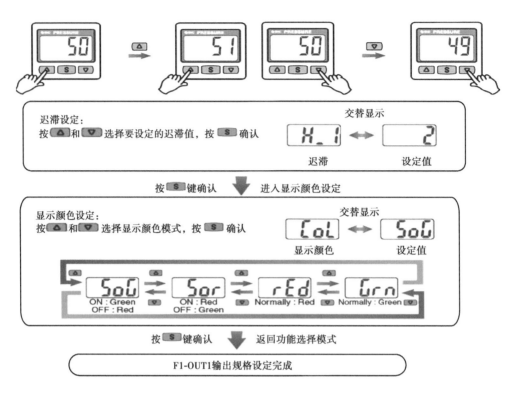

图 6-40　压力设定状态

4.联机调试步骤

（1）首先检查每个工作站的通信数据线是否连接好，再打开电源、气源（压力设定为 0.4~0.5 MPa），分别把触摸屏和 PLC 程序下载后，各工作站处于单机复位状态下，最后将所有工作站设置为"联机状态"，确认各个工作站"就绪信号"传感器接收正常，如图 6-41 所示。

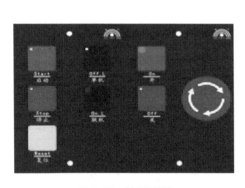

图 6-41　控制面板

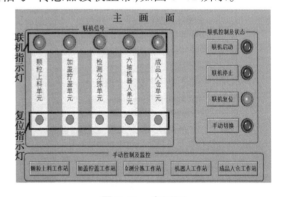

图 6-42　主画面

（2）查看触摸屏主画面"联机信号"框中指示灯是否显示为绿色。当"联机指示灯"常亮，说明各工作单元之间联机数据通信无误；当"复位指示灯"常亮说明各单元站复位完成，若在闪烁中，则说明工作单元在复位执行中。待所有工作单元复位指示灯常亮后，"联机控制"框中联机复位按钮旁指示灯常亮，才允许下一步操作，如图 6-42 所示。

（3）联机手动操作（以颗粒上料工作站为例）。首先单击触摸屏主画面"联机控制"框中的手动切换按钮,待指示灯亮后,再单击"手动控制"框中颗粒上料工作站按钮跳转画面。观察"颗粒上料工作站"画面上初始位输入信号传感器是否都显示为绿色,而其余显示为红色,或者手动触发执行机构上的传感器,观察灯颜色的变化;再依次单击"手动控制区"按钮,检查对应执行机构是否动作正常,相应指示灯是否显示为绿色。调试完成后单击"返回主画面"按钮,依次对每个工作站进行手动调试操作。如图 6-43 所示。

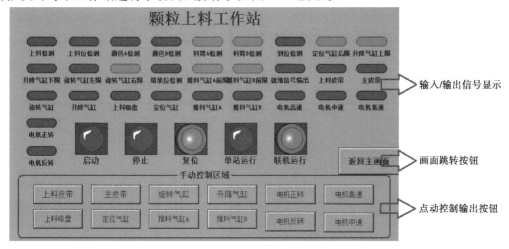

图 6-43 颗粒上料工作站

(4)联机自动运行。在主画面,手动切换按钮旁指示灯显示为红色,所有工作站均处于复位完成和联机状态下,按下"联机启动"按钮,各单元进入联机运行状态;按下"联机停止"按钮,各单元进入停止状态;按下"联机复位",各单元全部复位到初始状态。(注:此时按各单元控制面板上按钮均无效)

看一看、想一想?

◇ 如何在触摸屏画面上实时显示时间、报警记录显示和各工作站的工作显示按钮?

◇ 你如何判断从站与主战之间通信正常?你的依据是什么?解决措施有哪些?

二、决策计划

表 6-1 决策计划

安装调试过程中必须遵守哪些规定/规则	国家相应规范和政策法规、企业内部规定
需要准备的工具、仪器和材料	参见本教材相应内容
检查传送带、各种传感器、气管、汽缸、电磁阀等安装是否正确	参见本教材相应内容
采用的组织形式,人员分工	本组成员讨论决定
整体调试内容、进度和时间安排	本组成员讨论决定
整体调试的工作流程	参见本教材相应内容
在调试过程中,影响环保的因素有哪些?如何解决	分析查找相关网站

合理使用工具仪表,确定工作流程,分配工作任务,根据任务书各个工作单元,诊断排除联机调试故障。

三、组织实施

组织实施整机调试。

1. 硬件检测

在联机调试前,必先检查气源、电源、数据通信线、传感器、机械结构等有无损坏,并手动测试各执行机构电磁阀,调整流速。

2. 下载程序

编程软件:GX Developer8.86L-C。

三菱机器人软件:RT ToolBox2。

触摸屏软件:MCGS 嵌入版 V7.2。

设备上电后,连接数据线,下载程序,设备复位。

3. 相关参数设置

设置变频器参数、传感器灵敏度、机器人点位调节、成品入仓单元脉冲参数设置(依据前五章所学设定)。

4. 触摸屏测试

(1)在对应工作站按下手动输出控制按钮来观察执行机构的工作情况,如电机正反转、电磁阀、继电器工作等现象。

(2)手动触发执行机构上传感器或开关,观察触摸屏上对应 PLC 输入端口的变化情况,如关电开关、行程开关等情况;

(3)在第(1)步执行器件工作时同时观察触摸屏画面上输出输入的变化情况,如触摸屏上按汽缸旋转按钮,则对应磁性开关发生变化,反映在触摸屏上。

5. 设备联机运行

所有工作单元在复位完成后按下控制挂板上"联机"按钮,观察触摸屏上显示。

在触摸屏上:

按下"联机启动"按钮,各单元"启动"指示灯亮,其余指示灯灭,设备开始自动完成工作过程;

按下"联机停止"按钮,各单元"停止"指示灯亮,其余指示灯灭,设备停止工作;

按下"联机复位"按钮,各单元全部复位到初始位置后"复位"指示灯亮,其实指示灯灭。

6. 运行调整

设备自动运行后,观察在工作过程中物料的运行情况,依实际情况适度调整设备水平高度、传感器灵敏度、汽缸、机械结构等。

四、检查评估

该任务检查主要包括三个方面:安全操作、组态软件的运用、整机调试,见表6-2。

表6-2　考核表

考核项目			配分	扣分	得分
安全操作	违反安全操作要求	带电操作 违反安全操作规程 220 V/24 V电源混淆	0	100	
	安全意识	运行中设备碰撞或者遗漏工具,残留杂物于工作台面上	10		
组态软件的运用	组态软件的安装	熟悉安装过程,准确无误完成软件安装,合理规范	10		
	画面的制作	根据控制要求完成用户窗口控制画面的制作	15		
	通信连接	数据连接正确,能正确下载工程	5		
整机调试	通电通气检测、调试节流阀和执行元件	接线正确、气路规范、电线整齐	10		
	传感器检测	位置正确、检测结果正确,调试或更换无损伤情况	20		
	运行调试	无碰撞、摩擦、漏气等情况,能符合控制要求完成工作流程	20		
	故障分析排除	根据现象找出故障,并排除	10		
合　计					

【自我测试】

一、实操题

1. 要求:触摸屏通过PLC控制变频器,变频器实现皮带输送机正反转以及调速,要求按下启动按钮后,皮带输送机能以正转30 Hz和反转20 Hz的速度自动切换运行,时间间隔为20 s,并能在触摸屏上显示运行状态。请在MCGS组态软件上制作控制画面。

2. 要求:用编程控制器编写双灯闪烁控制程序,并将PLC数据送入计算机,再使用MCGS组态软件完成对PLC的运行监视。

二、思考题

1. 你认为在制作触摸屏工程的时候什么最重要?应该注意什么?

2. 触摸屏与计算机通信时是否出现过问题?是什么原因造成的?

3. 触摸屏与PLC建立通信时顺利吗?出现过什么问题?你是怎么处理的?

4. 在通电前你做了哪些检测?检测到什么故障?你的解决措施是什么?

5. 在调试过程中若通信错误?你是如何处理问题?你的解决方法是什么?

附 录

特殊元件说明

M8000～M8255,D8000～D8255 被定义为特殊元件种类,其功能如附表所述。

附表 特殊元件说明

M 元件	M 元件的描述	D 元件	D 元件的描述
系统运行状态			
M8000	用户程序运行时置为 ON 状态	D8000	用户程序运行的监视定时器
M8001	M8000 状态取反	D8001	单板程序版本,如 24100 H2u = 24,100 版本 V1.00
M8002	用户程序开始运行的第一个周期为 ON	D8002	程序容量(4K、8K、16K 等)
M8003	M8002 状态取反	D8003	固定为 0X10,为可编程控制器内存储
M8004	当 M8060～M8067[除 M8062]中任意一个处于 ON,则 M8004 有效	D8004	错误的 M8060～M8067 的 BCD 值,正常为 0
M8005	电池电压过低时动作	D8005	电池电压 BCD 当前值
M8006	电池电压低,有出现就动作[锁存]	D8006	电池电压过低的检测值,初始值为 2.6 V
M8007	当交流失电 5 ms 后,M8007&M8008 动作,在 D8008 之内程序继续运行	D8007	保存 M8007 动作的次数,当失电时该单元清 0 处理
M8008	当 D8008 时间内都失电,当 M8008 由 ON →OFF 时,用户程序不运行,M8000 为 OFF	D8008	交流失电检测时间,默认为 10 ms
M8009	扩展单元 24 V 掉电时动作	D8009	扩展单元 24 V 失电的模块号
系统时钟			
M8010	保留	D8010	当前扫描时间,从用户程序 0 步开始(0.1 ms)
M8011	10 ms 时钟周期的振荡时钟	D8011	扫描时间的最小值(0.1 ms)
M8012	100 ms 时钟周期的振荡时钟	D8012	扫描时间的最大值(0.1 ms)
M8013	1 s 时钟周期的振荡时钟	D8013	时钟秒(0～59)
M8014	1 分钟时钟周期的振荡时钟	D8014	实时时钟分(0～59)
M8015	时钟停止和设置	D8015	实时时钟小时(0～23)

续表

系统时钟			
M8016	时钟读取显示停止	D8016	实时时钟日（1～31）
M8017	±30 s 修正	D8017	实时时钟月（1～12）
M8018	安装检测	D8018	实时时钟公历年（2000～2099）
M8019	实时时钟（RTC）出错	D8019	实时时钟星期
指令标志			
M8020	运算零标志	D8020	X000～X007 的输入滤波常数 0～60［默认 10 ms］
M8021	运算借位标志	D8021	保留
M8022	运算进位标志	D8022	保留
M8023	保留	D8023	保留
M8024	BMOV 指令的方向	D8024	保留
M8025	HSC 指令模式	D8025	保留
M8026	RAMP 指令模式	D8026	保留
M8027	PR 模式	D8027	保留
M8028	保留	D8028	和 Z0 同一变量地址
M8029	部分指令（PLSR 等）指令执行完成	D8029	和 V0 同一变量地址
系统模式			
M8030	为 ON 时,屏蔽电池低告警	D8030	保留
M8031	为 ON 时,清除所有非保存存储器	D8031	保留
M8032	为 ON 时,清除所有保存存储器	D8032	保留
M8033	为 ON 时,停机状态所有的软元件不变	D8033	保留
M8034	为 ON 时,PLC 所有的输出都为 OFF 状态	D8034	保留
M8035	强制运行命令 1	D8035	保留
M8036	强制运行命令 2	D8036	保留
M8037	强制停止命令	D8037	保留
M8038	通信参数设定标志	D8038	保留
M8039	恒定扫描控制	D8039	恒定扫描时间,默认 0,以 ms 为单位

续表

步进阶梯			
M8040	转移禁止	D8040	
M8041	转移开始	D8041	
M8042	对应启动输入的脉冲输出	D8042	
M8043	原点回归状态的结束标志	D8043	将 s0～s899 的最小动作地址号保存在
M8044	检测到机械原点动作	D8044	D8040 中,其他依次,最大的地址号保存
M8045	所有输出复位禁止	D8045	在 D8047 中
M8046	M8047 动作后,当 s0～s999 中任何一个为 ON,M8046 为 ON	D8046	
M8047	STL 监视有效〔D8040～D8047 有效〕	D8047	
M8048	M8049 = ON,s900～s999 任何一个有效,M8048 有效	D8048	保留
M8049	信号报警有效,〔D8049 有效〕	D8049	保存 s900～s999 的报警最小地址号
中断禁止		保　留	
M8050	驱动 I00□中断禁止	D8050	保留
M8051	驱动 I10□中断禁止	D8051	保留
M8052	驱动 I20□中断禁止	D8052	保留
M8053	驱动 I30□中断禁止	D8053	保留
M8054	驱动 I40□中断禁止	D8054	保留
M8055	驱动 I50□中断禁止	D8055	保留
M8056	驱动 I60□中断禁止	D8056	保留
M8057	驱动 I70□中断禁止	D8057	保留
M8058	驱动 I80□中断禁止	D8058	保留
M8059	驱动计数器中断禁止	D8059	保留

系统错误检测					
元件	名称	错误灯	运行		
M8060	I/O 构成错误	OFF	RUN	D8060	I/O 构成错误的未安装 I/O 起始地址号
M8061	PLC 硬件错误	闪烁	STOP	D8061	PLC 硬件错误的错误代码序号
M8062	PLC 通信错误	OFF	RUN	D8062	PLC 通信错误代码
M8063	联机错误/一般通信错误	OFF	RUN	D8063	并行联机错误代码
M8064	参数错误	闪烁	STOP	D8064	参数错误代码
M8065	语法错误	闪烁	STOP	D8065	语法错误的代码
M8066	回路错误	闪烁	STOP	D8066	回路错误的代码

续表

系统错误检测					
元件	名称	错误灯	运行		
M8067	运算错误	OFF	RUN	D8067	运算错误的代码
M8068	运算错误锁存	OFF	RUN	D8068	锁存运算错误程序的步号
M8069	保留			D8069	M8065～M8067 的错误发生的步号
联机功能					
M8070	联机主站驱动			D8070	并联联机错误时间 500 ms
M8071	联机从站驱动			D8071	保留
M8072	并联连接运行中为 ON			D8072	保留
M8073	并联连接 M8070/M8071 设定不良			D8073	保留
采样跟踪					
M8074	保留			D8074	采样剩余次数
M8075	取样跟踪准备开始指令			D8075	采样次数的设定(1～512)
M8076	取样跟踪准备完成,执行开始指令			D8076	采样周期
M8077	取样跟踪执行中监控			D8077	触发指定
M8078	取样跟踪执行完成监控			D8078	触发条件元件地址号设定
M8079	取样跟踪超过 D8075 的数据			D8079	采样数据指针
M8080	保留			D8080	位元件地址号 N0.0
M8081	保留			D8081	位元件地址号 N0.1
M8082	保留			D8082	保留
M8083	保留			D8083	保留
M8084	高速计数器多段中断使能(默认 0FF)			D8084	高速计数器多段中断的计数器序号
M8085	Y0 端口的输出初始化标志			D8085	多段中断的数据默认为 0
M8086	Y1 端口的输出初始化标志			D8086	对应的 D 元件序号
M8087	Y2 端口的输出初始化标志			D8087	保留
M8088	Y3 端口的输出初始化标志			D8088	保留
M8089	Y4 端口的输出初始化标志			D8089	保留
M8090	Y0 输出完成中断使能			D8090	保留
M8091	Y1 输出完成中断使能			D8091	保留
M8092	Y2 输出完成中断使能			D8092	保留
M8093	Y3 输出完成中断使能			D8093	保留
M8094	Y4 输出完成中断使能			D8094	保留
M8095	保留			D8095	保留
M8096	保留			D8096	字元件地址号 N0.0

续表

采样跟踪			
M8097	保留	D8097	字元件地址号 N0.1
M8098	保留	D8098	字元件地址号 N0.2
高速环形计数器			
M8099	高速环形计数器计数启动	D8099	[0 ~ 32767] 上升动作环形计数器 (0.1 ms)
其他功能使用			
M8100	SPD(X000)具有-脉冲个数/分钟	D8100	保留
M8101	SPD(X001)具有-脉冲个数/分钟	D8101	单板程序版本,如 24100 H2u = 24,100 版本 V1.00
M8102	SPD(X002)具有-脉冲个数/分钟	D8102	系统提供给用户程序的程序容量
M8103	SPD(X003)具有-脉冲个数/分钟	D8103	保留
M8104	SPD(X004)具有-脉冲个数/分钟	D8004	DRVI,DRVA 执行时加速时间[默认100]由 M8135 决定是否有效[Y0]
M8105	SPD(X005)具有-脉冲个数/分钟	D8105	DRVI,DRVA 执行时加速时间[默认100]由 M8136 决定是否有效[Y1]
M8106	保留	D8106	DRVI,DRVA 执行时加速时间[默认100]由 M8137 决定是否有效[Y2]
M8107	保留	D8107	DRVI,DRVA 执行时加速时间[默认100]由 M8138 决定是否有效[Y3]
M8108	保留	D8108	DRVI,DRVA 执行时加速时间[默认100]由 M8139 决定是否有效[Y4]
M8109	输出刷新错误	D8109	输出刷新错误的输出地址编号
COM0 通信连接			
M8110	保留	D8110	通信格式,界面配置设定,默认为 0
M8111	发送等待中(RS 指令)	D8111	站号设置,界面配置设定,默认为 1
M8112	发送标志(RS 指令) 指令执行状态(MODBUS)	D8112	传送剩余数据数量(仅对 RS 指令)
M8113	接收完成标志(RS 指令) 通信错误标志(MODBUS)	D8113	接收到的数据数量(仅对 RS 指令)
M8114	接收中(仅对 RS 指令)	D8114	起始字符 STX(仅对 RS 指令)
M8115	保留	D8115	终止字符 ETX(仅对 RS 指令)
M8116	保留	D8116	通信协议设定,界面配置设定,默认为 0

COM0 通信连接			
M8117	保留	D8117	计算机链接协议接通要求数据起始地址号
M8118	保留	D8118	计算机链接协议接通要求发送数据数量
M8119	超时判断	D8119	通信超时时间判断,界面配置设定,默认为 10(100 ms)
COM1 通信连接			
M8120	保留	D8120	通信格式,界面配置设定,默认为 0
M8121	发送等待中(RS 指令)	D8121	站号设置,界面配置设定,默认为 1
M8122	发送标志(RS 指令) 指令执行状态(MODBUS)	D8122	传送剩余数据数量(仅对 RS 指令)
M8123	接收完成标志(RS 指令) 通信错误标志(MODBUS)	D8123	接收到的数据数量(仅对 RS 指令)
M8124	接收中(仅对 RS 指令)	D8124	起始字符 STX(仅对 RS 指令)
M8125	保留	D8125	终止字符 ETX(仅对 RS 指令)
M8126	保留	D8126	通信协议设定,界面配置设定,默认为 0
M8127	保留	D8127	计算机链接协议接通要求数据起始地址号
M8128	保留	D8128	计算机链接协议接通要求发送数据数量
M8129	超时判断	D8129	通信超时时间判断,界面配置设定,默认为 10(100 ms)
高速 & 定位			
M8130	HSZ 指令平台的控制模式	D8130	HSZ 高速比较平台使用(记录号)
M8131	和 M8130 联合使用	D8131	HSZ&PLSY 速度模型使用(记录号)
M8132	HSZ&PLSY 速度模式	D8132	HSZ&PLSY 速度模型频率使用
M8133	和 M8132 联合使用	D8133	
M8134	保留	D8134	HSZ&PLSY 速度模型比较脉冲数使用
M8135	Y0 减速时间有效[ON-PLSR,DRVI,DRVA]	D8135	
M8136	Y1 减速时间有效[ON-PLSR,DRVI,DRVA]	D8136	Y000&Y001 输出脉冲合计数
M8137	Y2 减速时间有效[ON-PLSR,DRVI,DRVA]	D8137	
M8138	Y3 减速时间有效[ON-PLSR,DRVI,DRVA]	D8138	保留
M8139	Y4 减速时间有效[ON-PLSR,DRVI,DRVA]	D8139	保留
M8140	ZRN 的 CLR 信号输出功能有效	D8140	PLSY&PLSR 输出 Y000 对应的脉冲个数累积值
M8141	保留	D8141	

续表

高速 & 定位				
M8142	保留	D8142	PLSY&PLSR 输出 Y001 对应的脉冲个数累积值	
M8143	保留	D8143		
M8144	保留	D8144		
M8145	Y000 脉冲输出停止	D8145	DRVI,DRVA 执行时的偏置速度	
M8146	Y001 脉冲输出停止	D8146	DRVI,DRVA 执行时的最高速度［默认 100,000］	
M8147	Y000 脉冲输出监控	D8147		
M8148	Y001 脉冲输出监控	D8148	DRVI,DRVA 执行时的加减速时间［默认 100］	
M8149	Y002 脉冲输出监控	D8149	保留	
M8150	Y003 脉冲输出监控	D8150	PLSY&PLSR 输出 Y002 对应的脉冲个数累积值	
M8151	Y004 脉冲输出监控	D8151		
M8152	Y002 脉冲输出停止	D8152	PLSY&PLSR 输出 Y003 对应的脉冲个数累积值	
M8153	Y003 脉冲输出停止	D8153		
M8154	Y004 脉冲输出停止	D8154	PLSY&PLSR 输出 Y004 对应的脉冲个数累积值	
M8155	保留	D8155		
M8156	保留	D8156	Y0 端口清零信号定义（ZRN）［默认 5 = Y005］	
M8157	保留	D8157	Y1 端口清零信号定义（ZRN）［默认 6 = Y006］	
扩展功能				
M8158	保留	D8158	Y2 端口清零信号定义（ZRN）［默认 7 = Y005］	
M8159	保留	D8159	Y3 端口清零信号定义（ZRN）［默认 8 = Y005］	
M8160	（XCH）的 SWAP 功能	D8160	Y4 端口清零信号定义（ZRN）［默认 9 = Y005］	
M8161	ASC/RS/ASCII/HEX/CCD 的位处理模式	D8161	保留	
M8162	高速并联连接模式	D8162	保留	
M8163	保留	D8163	保留	
M8164	（FROM/TO）传送点数可变模式	D8164	（FROM/TO）传送点数指定模式	
M8165	保留	D8165	PLSR,DRVI,DRVA 执行时减速时间［默认 100］由 M8135 决定是否有效［Y0］	

续表

扩展功能			
M8166	保留	D8166	PLSR,DRVI,DRVA 执行时减速时间[默认 100]由 M8136 决定是否有效[Y1]
M8167	(HEY)HEX 数据处理功能	D8167	PLSR,DRVI,DRVA 执行时减速时间[默认 100]由 M8137 决定是否有效[Y2]
M8168	(SMOV)HEX 数据处理功能	D8168	PLSR,DRVI,DRVA 执行时减速时间[默认 100]由 M8138 决定是否有效[Y3]
M8169	保留	D8169	PLSR,DRVI,DRVA 执行时减速时间[默认 100]由 M8139 决定是否有效[Y4]
脉冲捕捉		通信连接	
M8170	X000 脉冲捕捉	D8170	保留
M8171	X001 脉冲捕捉	D8171	保留
M8172	X002 脉冲捕捉	D8172	保留
M8173	X003 脉冲捕捉	D8173	本站站号设定状态
M8174	X004 脉冲捕捉	D8174	通信子站设定状态
M8175	X005 脉冲捕捉	D8175	刷新范围设定状态
M8176	保留	D8176	本站站号设定
M8177	保留	D8177	通信子站数设定
M8178	保留	D8178	刷新范围设定
M8179	保留	D8179	重试次数设定
M8180	保留	D8180	通信超时设置
通信连接		变址寻址	
M8181	保留	D8181	保留
M8182	保留	D8182	位元件地址号 NO.2/Z1 寄存器内容
M8183	数据传送主站出错	D8183	位元件地址号 NO.3/V1 寄存器内容
M8184	数据传送从站 1 出错	D8184	位元件地址号 NO.4/Z2 寄存器内容
M8185	数据传送从站 2 出错	D8185	位元件地址号 NO.5/V2 寄存器内容
M8186	数据传送从站 3 出错	D8186	位元件地址号 NO.6/Z3 寄存器内容
M8187	数据传送从站 4 出错	D8187	位元件地址号 NO.7/V3 寄存器内容
M8188	数据传送从站 5 出错	D8188	位元件地址号 NO.8/Z4 寄存器内容
M8189	数据传送从站 6 出错	D8189	位元件地址号 NO.9/V4 寄存器内容
M8190	数据传送从站 7 出错	D8190	位元件地址号 NO.10/Z5 寄存器内容
M8191	数据传送进行中	D8191	位元件地址号 NO.11/V5 寄存器内容
M8192	保留	D8192	位元件地址号 NO.12/Z6 寄存器内容

续表

通信连接		变址寻址	
M8193	保留	D8193	位元件地址号 NO.13/V6 寄存器内容
M8194	保留	D8194	位元件地址号 NO.14/Z7 寄存器内容
M8195	C251 倍频控制	D8195	位元件地址号 NO.15/V7 寄存器内容
M8196	C252 倍频控制	D8196	保留
M8197	C253 倍频控制	D8197	保留
M8198	C254 倍频控制	D8198	保留
M8199	C255 倍频控制	D8199	保留
计数器增/减控制或状态		通信连接	
M8200	C200 控制	D8200	保留
M8201	C201 控制	D8201	当前连接扫描时间
M8202	C202 控制	D8202	最大连接时间
M8203	C203 控制	D8203	主站通信错误次数
M8204	C204 控制	D8204	从站1通信错误次数
M8205	C205 控制	D8205	从站2通信错误次数
M8206	C206 控制	D8206	从站3通信错误次数
M8207	C207 控制	D8207	从站4通信错误次数
M8208	C208 控制	D8208	从站5通信错误次数
M8209	C209 控制	D8209	从站6通信错误次数
M8210	C210 控制	D8210	从站7通信错误次数
M8211	C211 控制	D8211	主站通信错误代码
M8212	C212 控制	D8212	从站1通信错误代码
M8213	C213 控制	D8213	从站2通信错误代码
M8214	C214 控制	D8214	从站3通信错误代码
M8215	C215 控制	D8215	从站4通信错误代码
M8216	C216 控制	D8216	从站5通信错误代码
M8217	C217 控制	D8217	从站6通信错误代码
M8218	C218 控制	D8218	从站7通信错误代码
M8219	C219 控制	D8219	保留
M8220	C220 控制	D8220	保留
M8221	C221 控制	D8221	保留
M8222	C222 控制	D8222	保留
M8223	C223 控制	D8223	保留
M8224	C224 控制	D8224	保留

计数器增/减控制或状态		通信连接	
M8225	C225 控制	D8225	保留
M8226	C226 控制	D8226	保留
M8227	C227 控制	D8227	保留
M8228	C228 控制	D8228	保留
M8229	C229 控制	D8229	保留
M8230	C230 控制	D8230	保留
M8231	C231 控制	D8231	保留
M8232	C232 控制	D8232	保留
M8233	C233 控制	D8233	保留
M8234	C234 控制	D8234	保留
M8235	C235 控制	D8235	保留
M8236	C236 控制	D8236	保留
M8237	C237 控制	D8237	保留
M8238	C238 控制	D8238	保留
M8239	C239 控制	D8239	保留
M8240	C240 控制	D8240	保留
M8241	C241 控制	D8241	保留
M8242	C242 控制	D8242	保留
M8243	C243 控制	D8243	保留
M8244	C244 控制	D8244	保留
M8245	C245 控制	D8245	保留
M8246	C246 控制	D8246	保留
M8247	C247 控制	D8247	保留
M8248	C248 控制	D8248	保留
M8249	C249 控制	D8249	保留
M8250	C250 控制	D8250	保留
M8251	C251 控制	D8251	保留
M8252	C252 控制	D8252	保留
M8253	C253 控制	D8253	保留
M8254	C254 控制	D8254	保留
M8255	C255 控制	D8255	保留